零基础学电工

从入门到精通

李 涛◎编著

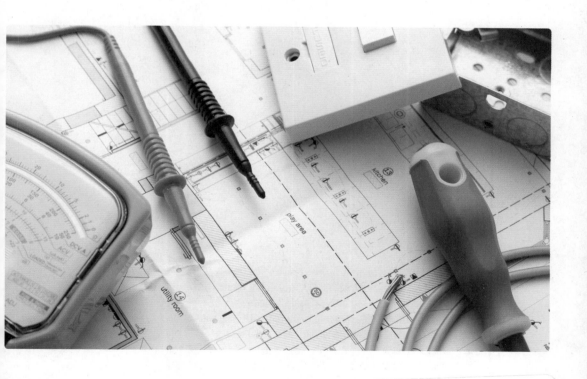

北京时代华文书局

图书在版编目（CIP）数据

零基础学电工从入门到精通 / 李涛编著. -- 北京：
北京时代华文书局，2020.10（2021.9重印）
ISBN 978-7-5699-3833-3

Ⅰ. ①零… Ⅱ. ①李… Ⅲ. ①电工技术－基本知识
Ⅳ. ①TM

中国版本图书馆 CIP 数据核字（2020）第 133313 号

零基础学电工从入门到精通

LING JICHU XUE DIANGONG CONG RUMEN DAO JINGTONG

编　　著 | 李　涛

出 版 人 | 陈　涛
选题策划 | 王　生
责任编辑 | 周连杰
封面设计 | 乔景香
责任印制 | 刘　银

出版发行 | 北京时代华文书局 http://www.bjsdsj.com.cn
　　　　　北京市东城区安定门外大街136号皇城国际大厦A座8楼
　　　　　邮编：100011　电话：010-64267955　64267677
印　　刷 | 三河市祥达印刷包装有限公司　电话：0316-3656589
　　　　　（如发现印装质量问题，请与印刷厂联系调换）
开　　本 | 710mm×1000mm　1/16　印　张 | 16　字　数 | 300千字
版　　次 | 2020 年 10 月第 1 版　印　次 | 2021 年 9 月第 2 次印刷
书　　号 | ISBN 978-7-5699-3833-3
定　　价 | 98.00元

版权所有，侵权必究

前　言

随着科技的飞速发展，"电"已经成为人们生活中不可或缺的一部分。尤其是我国的电力事业，不仅催动"电能"走进了千家万户，也使其广泛应用于工业、农业、国防、交通等各领域。

在电力事业不断发展的当下，催生了一批批优秀的电工。为了满足有心学习电工操作的有志青年能够在短时间内掌握、了解电工的基本操作，我们搜集、整理了大量关于电工的详实资料。

在内容上，本书讲究稳扎稳打，从基础知识开始，以安全作业为前提，引领初学者了解电工行业。从最基础的电工入门的理论知识、安全用电知识，再到引领入门的电工常用工具介绍、电工常用电子元件介绍，最后到专业的电气识图、电工计算……一步一个脚印、手把手地教给各位读者，如何从一个对电力方面一无所知的人，变成一位优秀的电工。

第1章围绕"电"的基本知识展开讨论，包括电流、电压、直流电、交流电、串联、并联等概念，同时讲述了电路的构成，并简单讲述电路图的组成等基础内容。

第2章围绕用电安全展开讨论，包括电流会给人造成怎样的伤害、如何避免电流的伤害，以及电工实际操作中可能遇到的隐患，提升电工的安全意识，最大程度减少危险的发生。

第3章围绕常用工具展开讨论，包括钳子、扳手、电工刀、电钻等常见工具，以及验电器、万用表、钳形表、兆欧表等常用仪表的使用，使读者对电工常用工具有全面、清晰的认知。

第4章围绕电子元件展开讨论，包括电阻器、电容器、电感器、二极管、三极管等电子元件的类型、功能及详细介绍，使读者对电工常见、常用的电子元件有一定的了解。

第5章围绕电器元件展开讨论，包括开关、保护器、继电器、接触器、传感器等常见电器元件的作用，及常见类型的详细介绍，使读者进一步了解电工操作。

第 6 章围绕基本技能展开讨论，包括导线的剥离、连接、接口处理，以及电烙铁的焊接和拆焊、布线与设备的安装、各类电元件的检测等，详细介绍了电工作业的每一个细节步骤。

第 7 章围绕识图技巧展开讨论，包括识读电气图的基本要求和步骤、电气图的组成部分、电气图符号的含义、电气图的常见符号、常见电气图的类型及识图技巧，巨细无遗地阐述了识读电气图的各个要点，使读者可以在短时间内掌握识读电气图的方法。

第 8 章围绕电工计算方法展开讨论，包括电工计算的规律及公式、整流电路计算、滤波电路计算、振荡电路计算、放大电路计算，将所有相关的公式一一罗列，并举例说明，使读者在进行电工计算时可以如鱼得水。

在文章形式上，采用了图文结合的方式，让读者以更加立体的方式认识电工，以更加真实的状态了解电工工作的每一个步骤。在注重内容实用性的同时突出了可操作性，让读者在了解电工技能之余，能够产生动手的想法，强调实践能力的培养，有效提升读者电工方面的技能。

本书通过对电工知识的全面剖析，实现了理论和实践相结合，非常方便读者学习。让读者能够由浅及深地了解电工，逐步成长为一名优秀的电工。

C 目 录
ontents

第 7 章　电工识图的一些技巧 / 187

第1章

电工基础知识

1.1 关于"电"的概念

电的发明在人们的生活和工作中起着非常重要的作用，为人们提供了便利，其用途也是非常广泛，国防、交通、日常生活都离不开电。电之所以能够被使用，主要是因为电路，电路可以起到能量之间转化的作用。电路是无形的，但用一些物理量对电路进行数字化，就可以更清楚地了解电路的工作原理。电流、电压、电阻、电功率等，都是用来表示电路的物理量。想要成为一名优秀的电工，就要"知己知彼"，首先从电的基础知识开始了解。

1.1.1 电流、电压和电阻

关于电流，物理学意义上给出这样的解释，是指在一定的单位时间里，导体内任一横截面所通过的电量称为电流强度，简称电流。通常来说，字母 I 就代表着电流，它的单位是安培，简称"安"，符号"A"，也是指电荷在导体中的定向移动。

实际上流动的电荷就是电流，当这些流动的电荷通过导体时会产生一系列效应。一位法国物理学家安培对当时被称作"奥斯特"的电流磁效应很感兴趣，于是重新开始着手"奥斯特实验"，最后证明了电流通过导体的磁作用。之后，热效应、发光效应，包括化学效应也慢慢地被人们发现。安培通过大量的实验，最终证实磁针的指示方向和电流的方向有着密切关系。安培在电磁学中，发现了一些重要的原理，为后续电动力学以及物理的发展奠定了基础。正是由于安培的贡献，后人把电流强度单位定为"安培"。

电流为什么能在导线中穿梭流动呢？那是因为高电位和低电位之间存在着差别，而电位差就从中产生，也可以称为电势差，这就是我们日常生活中提到的电压。电压给导体内的电荷指示了方向，让电荷定向移动，才产生了电流，电荷在电场两点之间定向移动所做的功与电荷的比值就是电压。换句话说，在电路中，任意两点之间的电位差称为这两点的电压。电压用符号"U"表示，单位伏特，简称"伏"，用符号"V"来表示，"W"表示电荷在两点之间的定向移动所做的功，"q"表示电荷量，"t"表示电荷通过导体的时间，由此可以得出电流的表达式为：$I(A)=Q(C)/t(s)$。

关于电阻，其实就是指在电流通过的过程中遇到的阻力，电阻越大，阻力就越大，能通过电路的电流就越小；相反，电阻越小，阻力越小，通过电路的电流就越多。电阻存在于任何物体之中，也可以简称为"欧"，符号是"R"，单位为欧姆，用"Ω"来表示。电阻是电路设计中用到的最多和最普通的元器件之一，可以在电路中起到分压、限流和消耗电能的作用，也正是由于有电阻的存在，才能够控制电流的大小，更便于在日常生活、工作中用电。

一个物体的导电性能好不好，可以用电阻来表示。当物体两端的电压保持稳定时，电阻的阻力越大，那么通过电路的电流就越小，它的导电性能就越小。导体电阻的大小与自身的材料、形状、体积和周围环境都有关系，用"ρ"表示比例系数（由导体材料和环境决定），"R"表示电阻，"S"表示导体的横截面积，"L"表示导体长度。导体的电阻与长度成正比，与导体横截面积成反比，由此可以得出电阻的公式为：$R=\rho(L/S)$。

1.1.2　直流电与交流电

直流电（Direct Current，简称"DC"）中有一种电流大小和流动方向都不会变化的电流，也被称作恒流电。它就好比是我们用的电池、电瓶，电瓶接灯泡，灯泡亮时，电流一直是从电瓶的正极经过灯泡流到负极，电流永远按照这个方向流动。直流电是由爱迪生发现的，但富兰克林在 1747 年正式提出了电荷守恒定律，并且一并提出了正电和负电的概念。

　　电压高低（电流大小）和电流方向（正电极与负电极）都不变化的电流，就是恒定电流，干电池就是恒定电流。而电流方向不变，但电压高低会随着时间变化的电流就是脉动直流电。半波整流得到的是 50Hz 的脉动直流电，如果是全波或桥式整流得到的就是 100Hz 的脉动直流电，它们只有经过滤波（用电感或电容）以后才会变成平滑直流电。当然，其中仍存在脉动成分（称纹波系数），大小视滤波电路的滤波效果而定。在日常生活中，许多电器多是用直流电驱动的，如收音机、扬声器等许多不含电感元件的电器。直流电如图 1.1.1 所示。

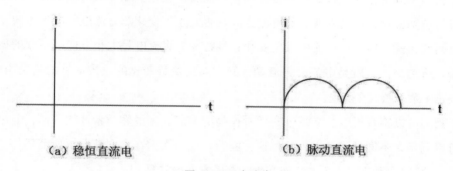

（a）稳恒直流电　　　　　　　（b）脉动直流电

图 1.1.1　直流电

　　交流电指的是在一定单位时间内，电流的方向以及大小都在发生周期性的变化。通常的交流变化分为正弦规律和余弦规律，电流由零上升为最高值，之后再降为零，然后由反方向开始从零上升为最高值，再降为零，以此完成一个周期，以后是下一个周期，如此反复变化。交流电就存在于我们的日常生活中，比如电风扇、电饭锅等家用电器都是交流电，电流通过频率周期从家用电器的火线头到零线，再从零线头到火线流动。此外，日常供电部门供给的电是正弦交流电，正弦交流电的大小和方向是随时间按正弦规律作周期变化的。交流电对于远距离传输很有很大的优点。一些特殊的电器，比如发电机使用的都是交流电。正弦交流电如图 1.1.2 所示。

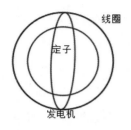 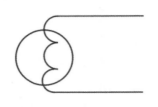 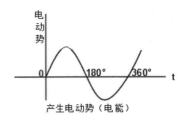

图 1.1.2　正弦交流电

交流电与直流电最大的不同就是交流电是按照曲线变化的，是因为很多对磁极都是按一定的角度均匀地分布在一个圆周上，在发电过程中，各个磁极切割磁力线的时候，具有互补性，从而不断地产生交流电。交流电的变化频率是每秒变化 50 次，称为 50Hz，但这不是一个恒定变化值，交流电也拥有其他变化频率。而直流电是没有频率的变化的，自然也不会按照正弦曲线而变化。此外，两者还有一种最为直观的辨别方式，即观察两者的电流方向是否发生了变化。直流电的电流方向是不随时间变化的，但大小可能会发生变化；最特殊的直流电是大小方向都不变的稳恒电流。所谓交流，就是电流交替流动，其方向是交替变化的，最常见的是民用电，它是正（余）弦式交流电。

我们可以将直流电、交流电同样看作是电力能源。虽然两者性质不同，但是分别可以利用在不同的设备上，并将这种能源转变为人们在不同情况下所需要的"动力"，从而符合和满足人们在生产和生活等各方面的需要。

1.1.3　导体和绝缘体

通俗来说，不导电的物体我们称作绝缘体，而比较容易导电的物体称作导体。导体中存在着大量电荷，电荷定向移动就会产生电流。导体又可以分为第一类导体、第二类导体、气体导体和其他导电介质。

金属和石墨是生活中常见的导体，在导电的过程中并没有发生化学变化，也没有物质的转移，称为第一类导体。金属导体中的自由电子数量很大，因此它的导电性能比其他的材料要好，并且随着温度的降低，金属导体的电阻率也会减小，在极低的温度下，某些金属会转化成为超导体。如图 1.1.3 所示，我们生活中经常看到的电线就是利用金属来导电，在它绝缘外衣的包裹下是由一股股铜线交织而成的。

图 1.1.3　电线中的导体

依靠离子的移动来导电的第二类导体叫做离子导体，包含电解质溶液和熔融电解质。大部分的纯液体是不能导电的，但是如果在溶液中加入电解质就会电解出离子，离子浓度增加，电阻率降低，溶液就可以导电了。与金属相比电解液的电阻率要高很多，同时在电解液通电的过程中还会引发化学变化和物质转移。第二类导体常应用在电化学工业方面，如电解提纯、电镀等。

电离气体是除了金属之外同样可以导电的物质。但在常规认识中，空气是良好的绝缘体，因为气体分子是中性的，它没有金属那么多可以自由移动的电子。然而，如果空气中产生了足够多的自由移动的电子和离子，就可以让空气导电了。当空气分子转变为离子，这一过程就是气体电离，而经过电离后的气体，就可以作为气体导体导电了。电离的方式一般是高温加热或者用 X 射线、Y 射线或者紫外线照射。外加电压决定了电离气体的导电性，并在过程中常常有发光、发声等物理现象，城市夜景中的霓虹灯就是应用的这一原理。如图 1.1.4。

除了上述几种导体以外，还有一些比较特殊的导电介质。在常温下条件下，导体的导电性能在金属和绝缘体之间被称为半导体。半导体的导电性能会随着外界条件的改变而变化，比如随着温度的升高，半导体的导电性能也随之提高。常见的半导体材料有硅、锗、砷化镓等。半导体在生活中的应用十分广泛，主要集中在集成电路、通信系统、大功率电源转换方面。如图 1.1.5 所示，二极管、三极管等就是采用半导体材料制成的器件。

图 1.1.4　城市夜景中的霓虹灯

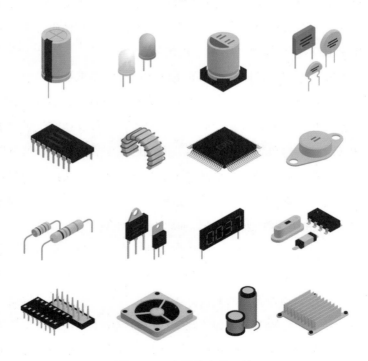
图 1.1.5　半导体电子元件

上面说到，不容易导电的物体成为绝缘体。一般情况下，绝缘体不传递电流，但这并不是绝对的。绝缘体在一定外力的情况下可以转换为导体，比如在强电场的作用下，绝缘体内被束缚电荷成为自由电荷，失去了绝缘性就成为了可以导电的导体。绝缘体的种类也有很多，例如塑料、橡胶、玻璃、陶瓷、矿物油、硅油等。绝缘体常常是做为电器绝缘和电介质器件的不二之选。电缆的外表覆盖层就是绝缘体，可以杜绝触电隐患。如图 1.1.6，电子系统中的电路板用玻璃纤维和环氧塑料制成，精密的电子部件被不导电的环氧树脂覆盖，都是利用了物体绝缘的特性。

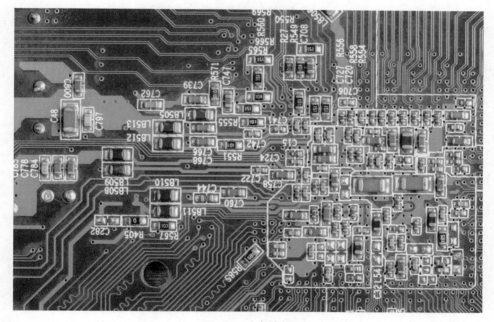

图 1.1.6　电路板

绝缘材料会因为电和热的长时间作用降低性能，很容易丧失它的绝缘性，所以需要经常检查绝缘体的绝缘性。

1.1.4　短路和断路

生活中我们经常遇到电器断电的情况，就是因为电线短路或者电路断路导致的。

导致这两种故障电路的原因有很大差别，这就要求电工在修理故障电路之前，准确地判断究竟是断路还是短路。

短路是指电源不通过负载或者负载为零直接通向用电设备。引起电路短路的原因大多是因为雷击或者电量超负荷引起，短路时比通路时的电源电流要大很多，非常容易出现烧坏电源和设备的现象，甚至还会损坏电源并且产生火灾。通常来说，短路的类型主要有电源短路、用电器短路和三相系统短路三种。

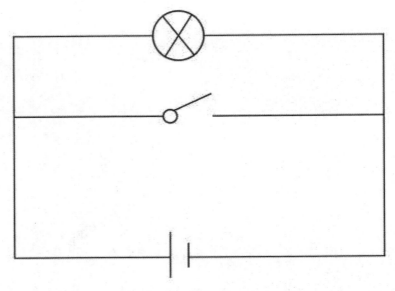

图 1.1.7　短路（开关闭合时）

如图 1.1.7 所示，当开关闭合时就造成了电源短路。这时，电流不经过电器，而是从电源的正极直接流向负极。电源的内阻是非常小的，短路时电流较大，电源所产生的电能全部被内阻消耗。电源短路会造成电器受损，严重情况下还会出现电路燃烧的危险情况。除了上面内容讲到的造成电源短路的原因外，一般还有电线的使用时间过长，绝缘层已经损坏；电线被雷击中，线路受损；在前期设计线路的时候存在缺陷。

电器短路也被称为部分电路短路。把一根导线连接在电器的两端电极上，电路中大部分的电流会通过导线，只有非常小的一部分电流会通过用电器，这时用电器被短路。在家庭电路中，我们可以利用用电器短路的原理，在使用金属外壳的用电器时通过接入地线来保证安全。许多家用电器都是利用电阻丝的短路来实现多档位调控，例如电饭锅、电吹风等。如图 1.1.8 电饭锅工作原理所示，在 S 开关断开时，电路中的电阻是 L1 和 L2 之和，电阻增大，电路总功率变小，电饭锅就处在保温状态；当开关 S 闭合时，电路中的电阻只有 L2，总功率增大，电饭锅就开始加热。

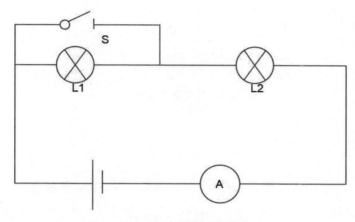

图 1.1.8　电饭锅工作原理

　　三相系统短路主要包括三相短路、两相短路、单相短路和两相接地短路。在电路系统中，人们常说的"短路"通常是指相与相之间或者相与地之间由于非正常连接　　导致通过的电流过大，其中相与地之间发生的短路故障是最多的，几乎占到了90%。另外，相和相之间的短路称为"相同短路"，相与地、相与接地导体发生的短路叫作"对地短路"，不管发生哪一种短路，电路中的电流都会突然增大，大大超过了电路能承受的范围。这种情况不仅会烧毁绝缘体，还有可能使金属熔化，从而引发火灾。

　　引发断路的原因是因为电路中某个部位的电线接触不良或者直接断裂所导致的电器不通电，那怎么判断是否发生断路了呢？发生断路的表现就是电流不能导通，用电器不通电，不能正常工作，如图 1.1.9。发生断路时并不会像短路时伴随有比较强烈的表现。我们在现实应用中，可以通过观察在断电时的电路表现来判断是断路还是短路所引起的故障。断路电路中是没有电流通过的，所以用电流表或万能表来测量断路电路时，是没有读数的，这可以成为判断和区分断路与短路的依据之一。

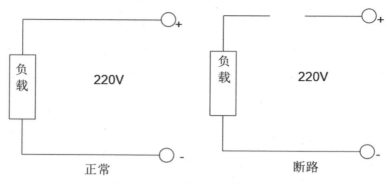

图 1.1.9　正常通电与断路区别

1.1.5　电功和电功率

电能是一种可以转变为其他能量形式的能量。我们把电能转化为其他形式能的过程叫作电流做功的过程，在这个过程中电能转化了多少就是电流做了多少功，即电功是多少。一般我们用"W"来表示电功，用"J"来表示功的单位"焦耳"。当电流经过电路通过电灯时，电能就转化成为热能和光能；当电流给充电器充电时，电能就转化为化学能。日常生活中的很多用电设备的使用都是通过电能转化成不同形式的能来实现的。那么，如何才能确定电流做功的多少呢？我们可以通过物理公式来了解，用"U"来表示电压，用"t"来表示时间，用"W"表示电功。

电功的计算公式为：W=UIt。

对此，可以理解为在一段电路上电流所产生的能量（功）和这段电路的电压、电路中流过的电流和通电时间的乘积相等。也就是说，电路中电压越大、通过的电流越大，通过的时间越长，那么电流所做的功就越多。

焦耳是电功的国际单位，但焦耳的单位值是很小的，所以在我们日常生活中几乎用不到，一般是用"度"做电功的单位，就是我们平日里所说的一度电、两度电的"度"。在技术中被叫作千瓦时，用"KW·h"来表示。其实，不要觉得一度电没有多少，如果我们以一台标配350W电机，以及48V12Ah电池的电机为例，在气温

20℃的环境下，一度电可以让其行驶至少 40 km，所以在生活中一定要节约用电。

电功率是在一定时间内的电器内的电流所做的功，用来表明电流做功的快慢，通常用符号"P"表示电功率，用"W"表示电功率的单位"瓦特"。所谓的用电设备容量的大小，指的就是电功率的大小，即表示该用电设备在一定时间内能用电流做多少功的能力。一个用电器在 1 秒内消耗的电能大小等于用电器功率。可以举个例子，把电流比作水，我们在喝水时喝下去的水的重量就好比是电功，并记录好喝水所用的时间，然后计算平均每秒喝了多少水就是电功率。

我们用"W"表示电功，"t"表示时间，从其定义出发就可以得出其公式表达式为：

P=W/t。

可以推导出公式：P=UI（"U"表示电压，"I"表示电流）。

由此可以看出，电压、电流与电功率之间是成正比的。电功率又分为用电器在额定电压下工作的额定功率和在实际电压下工作的实际功率。用电器在额定电压下工作的功率叫作额定功率，在实际电压下工作的功率叫作实际功率。人们在使用用电器之前一定要看一下它的额定电压，只有在额定电压下用电器才能正常使用。实际电压低于额定电压，用电器消耗的功率就会偏低，不能进行正常工作；实际电压高于额定电压，就会损坏用电器。

1.1.6　电容和电容器

电容也叫作电容量。在电场中电荷受力移动，导体中的介质使电荷移动受到了阻碍，导致电荷不断累积在导体上，造成电荷的累积储存，电荷储存的数量被称为电容。用符号"C"表示电容，用符号"F"来表示电容的单位"法拉"。电容是一种物理量，也是电容器的固有参数。生活中所说的"电容"一般是指一种能够储存电能和电荷的容器，称为电容器。而电容则是衡量电容器储存电能和电荷能力的一种物理量。当我们给电容器外加 1 伏特电压时，如果电容器储存的电荷为 1 库伦，那么我们就说电容器的电容是 1 法拉，用公式表示为：C=Q/U（"Q"表示带电量，"U"表示电压）。

虽然电容定义公式中与电压和带电量有关系，但是电容量的多少仍不能由电压和带电量决定。电容的决定式为：

C=εS/4πkd。

"ε"是一个常数，"S"表示电容极板的正对面积，"k"表示静电力常量，"d"表示两极板之间的距离。

电容器的作用是可以储存电荷和电能，由两片接近的导体制成，这两片导体需要互相绝缘。从物理学上看，电容是一种静态电荷的存储介质，它的特征是电荷可能会永久存在。电容器的应用也非常广泛，是电子领域里不可或缺的电子元件。通常，只需要用一个两端和极板中间存在绝缘电介质的物体就可以制作一个简单的电容器，如图 1.1.10。只要注意电容器的临界电压，在没有超过压值的前提下，电容器是不导电的。然而，所有的物质都是相对绝缘的，当物质两端的电压增加到一定大的时候，物质就可以导电，这个电压就叫作临界电压。电容器也是一样。

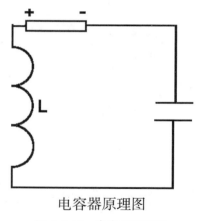

电容器原理图

图 1.1.10　电容器原理图

在电路中电容器的作用有很多，主要在调谐、旁路、耦合、滤波等电路中起着重要作用。在低频信号的传递与放大过程中，人们经常采用电容耦合来防止前后两级电路静态工作点的相互影响，采用容量较大的电解电容，防止信号中的低频分量损失过大。旁路电容是在旁路电容中的电容器，旁路电容创造了一个电流分路，让较高频率的信号通过旁路电容被旁路掉，低频的信号被送到下一级放大。在电源电路中电解电容让电源直流的输出，平滑稳定，降低了交变脉动电流对电路的影响，这就是电容器的滤波作用。

　　电容器在日常应用中作用很大，使用广泛，类型也有很多。如图 1.1.11 所示，为电路板上的电容。如果按照容量是否可变，电容器可分为可变电容器与定电容器；如果按照介质不同，电容器可分为无机介质电容器、有机介质电容器和电解电容器三种。有机介质电容器包含漆膜电容器、有机薄膜介质电容器、纸介电容器等；无机介质电容器包括陶瓷电容器、云墨电容器、玻璃釉电容器等；电解电容器包括铝电解电容器、钛电解电容器、钽电解电容器等。

图 1.1.11　电路板上的电容

1.1.7　电位和电压

　　电位也叫作电势，是一个物理量。电荷在电路中的某点所拥有的能量，就用电势来衡量，可以说电位是一个标量。根据其公式表达也可以理解为单位电荷在电场中所具有的电势能与所带的电荷量之比。电位只有大小，没有方向，用公式表达为：

　　$\phi = \varepsilon / q$（"ε" 表示电势能，"q" 表示电荷量，"ϕ" 表示电势）。

电荷的电势在电场中是固定的，电荷所带电荷量与电势能的比值是一个常数。电势是一个与电荷本身无关与电场本身的性质有关的物理量。电势与地势一样，是具有相对意义的，电势是与标准位置比较得出的结果，电势的参考点是可以任意选取的。

如图 1.1.12 和图 1.1.13 所示，正电荷中的电场线是由电荷向外散发；负电荷中的电场线是由外向电荷散发。不管是正电荷还是负电荷的电场线，电势总是顺着电场线的方向减小，逆着电场线的方向增大，远离正电荷电势减小，远离负电荷电势增大。

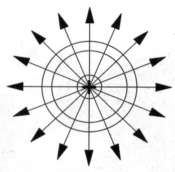

图 1.1.12　正电荷电场线

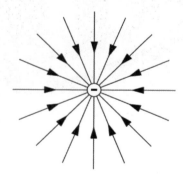

图 1.1.13　负电荷电场线

电压在前文中已经介绍过了，是指电路中两点电位之间的大小差距，也称作电势差或电位差。电压与电位不同的是，电压与我们选择的参考点没有关系，并且电压是有方向的。电压的方向一般是由高电位指向低电位。我们把地面比作零电位，那么顶层与地面的差就是电位差，三层与四层之间的高度差就是这两个点的电压。

1.2　电路

"电"看不见、摸不着，却充斥并丰富了我们的日常生活。电灯发光照亮黑夜，电视机播放视频娱乐生活，电脑便捷了人与人之间的沟通交流。对于"电"，我们可以说是熟悉又陌生。"电"流淌在电路之中，而这些多种多样的电路类型，不同类型的结构形式也各不相同。那么，你能认清那些我们生活中常见的电路吗？本节我们将一起了解电路构成、电路相关符号、电路图的内容。

1.2.1　电路构成

电路即导线组成，可供电流流经的路径，又被叫做导电回路。电路的主要组成部分包括电源、负载、导线、控制和保护装置等。图 1.2.1 为电池、灯泡、开关、导线组成的最简单的电路。

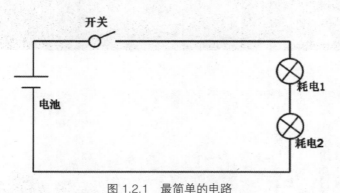

图 1.2.1　最简单的电路

1 电源。

电源能通过很多种方式将其他形式的能量转化为电，为电路提供电流来源。简而言之，电源就是转换成电能的装置。我们生活中常见的电源有干电池和家用 110V、

220V 交流电源。其他形式的电能转换方式也有很多，诸如风力发电的风能转换、太阳能发电的光能转换、水力发电的水能转换以及煤炭燃烧的热能转换等电力来源。风车发电依靠风车设备将风的动能转化为电能，如图 1.2.2，具有环保、可再生等优势特性；水力发电则依靠水电站工程将水的动能转化为电能。著名的三峡水电站工程就是水力发电的代表性工程，如图 1.2.3，主要利用不同水位的落差，实现水能向电能的转换。

图 1.2.2　风力发电

图 1.2.3　三峡大坝

不论是发电装置能将其他能转化为电能，还是干电池将化学能转换电能，其本身并不具备电流。要想了解电流产生的过程，我们首先应该认识到，电流是电荷在电压的作用下，通过定向移动而产生的。电荷已经被定义为电磁学中物质的物理性质，是"带点物质"中固有的物理性质。其中根据带电粒子的正负不同，电荷又被分为正电荷和负电荷。当发电机或干电池的正负两极被接通，由于正负两极正电粒子和负电粒子的不平衡而产生电压。电压促进电荷做定向移动，电流由此产生。如图 1.2.4。

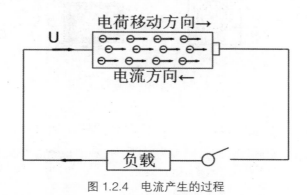

图 1.2.4　电流产生的过程

能够向负载及其部件提供功率和所需的电能的装置是电源，而电源功率的大小因素，电流、电压的稳定因素，都会对负载造成直接影响。电源功率过大或过小，将对负载的性能造成不良影响，而电流、电压的长期不稳定，将减少负载的使用寿命。

普通电源和特种电源是电源中主要的两类。常见的普通电源有：开关电源、逆变电源、EPS 应急电源、整流电源、适配器电源、调压电源等。

常见的特种电源有：高压、军用、医疗、航天电源等。比起来普通电源，特殊电源一般对输出电压、输出电流以及电源的稳定性具有更高的要求。一般是为了特殊情境而设计，在我们的日常生活中被广泛应用，如医疗设备、空气净化、雷达导航等。

② 负载。

物理学中对负载的定义为"电子元件"，位于电路中电源的两端，该电子元件通常是能够将电流经过而产生的电能转换为光能、机械能等其他形式的能的装置。常见的家用负载包括电冰箱、洗衣机、吹风机等，如图 1.2.5。

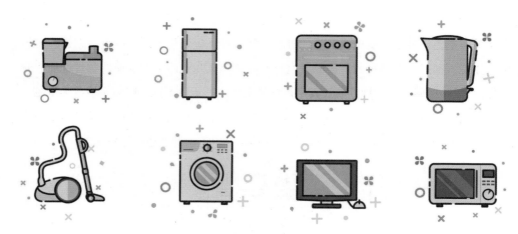

图 1.2.5 常见的家用负载

负载用电能进行工作的装置，是一切用电器的统称。需要注意的是，负载本身所承受的载荷具有一定限度，超过限度为过载，过载的现象易引起事故，是不被允许出现的。

负载的分类：分为容性、阻性、感性负载。带有电感参数的负载是感性负载，例如图 1.2.6 所示的变压器，以及图 1.2.7、1.2.8 所示的电动机。感应电动机又被称为"异步电动机"，以三相电动机为例，其零部件拆解图如图 1.2.9 所示。其中，定子绕组是三相电动机的电路部分，通入三相对称电流就会产生旋转磁场，如图 1.2.10。异步电动机的工作原理为：定子绕组产生旋转磁场并与转子绕组形成相对运动，转子绕组对磁感线进行切割，通过形成感应电动势，进而产生感应电流，如图 1.2.11。

电动机有星形连接和三角形连接两种类型。星形连接能够降低绕组承受电压、绝缘等级及启动电流，但功率较小，小于 4KW 的小功率电动机多采用该接法。其接线方式如图 1.2.12。三角形连接能够提升电机功率，但运作时启动电流大，绕组要承受更高的电压，绝缘等级也会随之提高，大于 4KW 的大功率电机多采用该连接法。其接线方式如图 1.2.13。

容性负载是指符合电压滞后电流特性的负载，当容性负载充放电时，电压不能发生突变，如电热水器、加热器等。阻性负载一般指的是电阻类的电子元件，如白炽灯（如图 1.2.14）、电路等。

图 1.2.6　变压器

图 1.2.7　现代集装箱起重机的电动机

图 1.2.8　电机模型

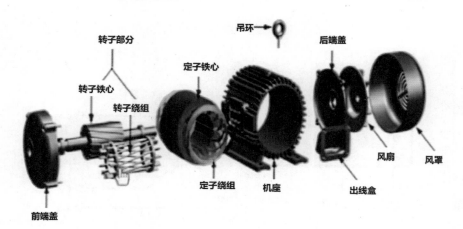

图 1.2.9　异步电动机零部件拆解图

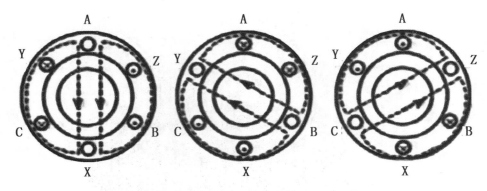

图 1.2.10　定子绕组

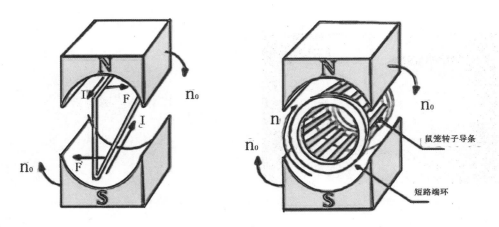

图 1.2.11　异步电动机工作原理

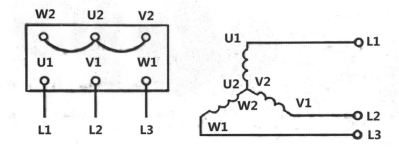

图 1.2.12　电动机的星形连接

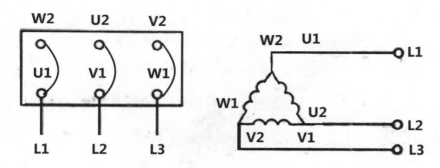

图 1.2.13　电动机的三角形连接

图 1.2.14　家用节能白炽灯

3 导线。

　　导线一般被用作电线的材料，也被用作电缆材料，它连接电源和负载并能够形成闭合回路。导线的作用通常是输送和分配电能，一般用铜或者是铝作为原材料制成，也有使用导电和耐热性都更好的银材料制成。我们常见的导线通常在铜、铝原材料制成的线的外围包裹绝缘橡皮，不仅能够起到隔离安全的作用，而且不影响导线的弯曲性，在严寒和高温环境下都能够铺设。如图 1.2.15。

图 1.2.15　导线

4 控制和保护装置。

开关、熔断器等电子元件的作用就是控制和保护电路，从而能够更安全地进行作业。如图 1.2.16 所示的电路图中，该电路的控制装置为开关，是常见的能够令电路开路、电流中断或转移电路的电子元件。当开关的接通点闭合，形成闭合线路，此时允许电流流过，负载可以正常工作。当开关的接通点断开，此时并未形成闭合线路，不允许电流流过，负载无法进行工作。

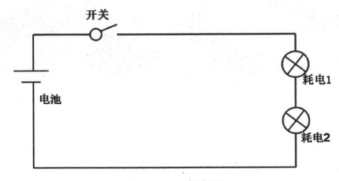

图 1.2.16　电路图

开关的种类有很多，延时开关、轻触开关、光电开关等是比较常见的开关种类。为了电路能够顺利开展工作，以上所提到的组成电路的四个部分：电源、负载、导线、控制和保护装置缺一不可。只有具备电源、负载、导线、控制和保护装置，才能成为一个完整的电路。

1.2.2 电路相关符号

在日常的电路图绘画中，通常涉及很多不同种类的电源、家用负载、导线连接方式、控制开关，再加上电子元件的原形复杂，要想完整呈现在电路图上，有很大难度。为了解决该问题，方便电路图的绘制和观看，在电路图中采用统一的图形符号来代表这些电子元件。

如图 1.2.17 所示为我国常见的电路图符号。

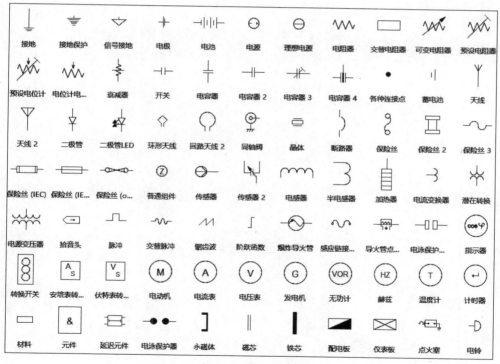

图 1.2.17　常见的电路图符号

对于电路图的符号，这些符号因为国家而不同，但是发展到今天，已经变成了国际标准化的存在。通过对电路中可能涉及的相关符号进行统一规定，便于行业内外的工作人员对电路图进行识别和分析，减少对电路图中符号的校对时间，提高工作效率。

1.2.3 电路图

电路图是表示电路连接的示意图，可以用电子元件符号来表示。通常由元件符号、连线、结点、注释四部分组成，是为了研究、规划需要而绘制的电子元件及线路走向布局图。电路图可以反映电子元件组件之间的工作原理。随着互联网和计算机的发展，出现了电脑辅助电路设计的软件，大幅度提高了电工工作效率和电路图的精准度、美观性等，如图 1.2.18。

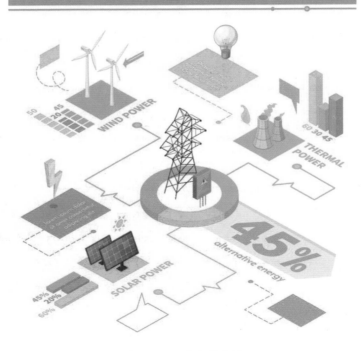

图 1.2.18　电力信息图

　　对于电路图的分类，方框图、装配图、印板图、原理图是四种电路图。原理图是最常见的电路图，它能够直接体现电路的结构和工作原理，可以作为采集元件、建设电路的根据图，如图 1.2.19。

　　方框图，同原理图较为相似，是使用方框和连线体现电路工作原理的电路图，区别是方框图较原理图更为简洁，简单的将电路按照功能进行区分，并将区分的每部分绘制成方框，用简单的文字进行说明和表示各部分方框间的关系。

　　电路装配建设需要设计，绘制装配图可以表现出装配建设，对于电路设计和电子元件配置绘制的较为详细，适合初学者使用。

　　装配图的另一种形式称作"印刷电路板图"或"印刷线路板图"，简称印板图，是为方便实际建设电路而设计出的电路图。但是与其他三种电路图不同的是，印板图通常是为印刷电路板上的电路安装而设计，而要考虑到所有元件的分布和连接是否合理，这就要求印板图较其他电路图更要考虑综合因素，所以在实际应用中，印板图能更好实现电路功能效果。

　　在实际操作中对于电子设备的每一次安装和修改调试都需要消耗大量人力、物力，而电路图的设计能够知晓电子组件间的工作原理，为分析性能、安装电子、电器产品提供规划方案。电路图修复、调试可以在纸上或电脑上完成，避免了实际电路安装中的人力、物力的浪费，能够提高电工的工作效率。

图 1.2.19　电路细节图

1.3 电路连接方式

1.3.1 串联

　　串联（series connection）是各个电路元件之间连接的基本方式，将电路元件按照顺序首尾连接起来的电路称为串联电路。将两个及以上的电阻，与其他电子元件成串相连接，没有分支连接，形成一个闭环，这种连接方式就是串联电路，如图 1.3.1。当串联的是电阻时，就是串联电阻。连接的电阻可以是各种形式的，比如纯粹的电阻、任何有阻值的元器件、负载或者是导线本身都可以。图中的串联电路就是将各个电器元件连接起来，组成串联电路，这种电路连接方式就好比是我们日常生活中常见的"满天星"装饰小彩灯。一般来说串联电路中电流处处相等，其公式表达式为 $I=I_1=I_2=\cdots=I_n$。

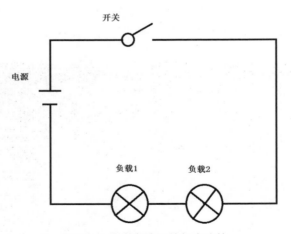

图 1.3.1 串联电路下的灯泡连接

　　串联电路主要具有三个特点。首先是电路连接的特点：整个电路形成一个回路，没有其他分支回路，才是标准的串联。也就是说，串联电路中的各个部分总电压等于各部分电路两端电压之和，即 $U=U_1+U_2+\cdots+U_n$。其次是串联电路的特点：当一个电子器件不工作时，其余的电子器件则都无法工作，各个电子器件之间是相互影响的。最后是开关控制的特点：串联电路中的开关控制整个电路，开关位置变了，对电路的控制作用没有影响，即串联电路中开关的控制作用与其在电路中的位置无关。

串联电路一般被用在一个电路中，可以轻松实现控制所有电路，但同时它也存在一定的缺陷，只要有某一处断开，那么整个电路就成为断路，即所相串联的电子器件都不能正常工作。

1.3.2 并联

并联（parallel connection）是各个电子元件之间连接的另一种方式，是将两个电子元件（可相同可不同）头与头相连，尾于尾相接的连接方式，是电路中另一种电子元件相连接的方式，叫作并联电路。在并联电路中，所有并联的元件两端电压都是相同的，并联电路的总电流等于所有元件电流总和，总电阻的倒数等于各电阻的倒数之和。生活中的电路大多是并联电路，如家庭中的电灯、电吹风机、电冰箱、电视机、电脑等家用电器大多是并联在电路中的。并联电路下的灯泡连接方式如图 1.3.2。

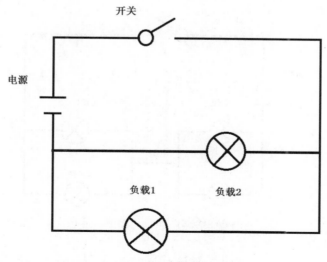

图 1.3.2 并联电路下的灯泡连接

并联电路主要具有以下三个特点。首先是电器工作的特点：与串联电路不一样的是，在并联电路中，如果一条支线中的电子器件不工作，并不干扰其他电子器件，其他电子器件可以正常工作。其次是电路连接的特点：并联电路是由一个或多个支线连接起来的电路，每个不同的分路都与干路形成闭环，形成一个回路。所以有几条分路就同样有几条回路。最后是开关控制的特点：干路开关控制整个电路，而支路开关只控制所在支路。与串联电路相比，并联只要不是主干线路出问题，就不会影响到全部的电路，其它线路还会继续正常工作。这一特点也就成为判断电路是否为并联电路的一个重要依据，可以任意拿掉一个用电器，看其他用电器是否工作，如果所有用电器都被拿掉过，而且其他用电器都工作，那么这个电路就是并联电路。

1.3.3 混联

混联，顾名思义就是多种电子器件的连接方式是混合连接，即串联方式和并联方式都存在于同一个电路里，这一连接方式在电路、机床、混合动力系统中较为常用。其中电路即混联电路，方式为既有串联电路方式，也有并联电路方式。图 1.3.3 就是混联电路。

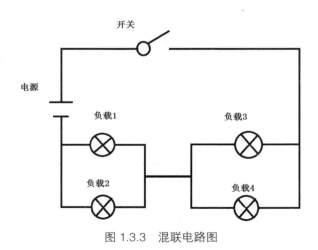

图 1.3.3 混联电路图

在计算和分析混联电路时通常较为复杂，但也有法可循，首先应当合并单纯的串联和并联部分，算出电路的总电阻，而后根据总电阻和总电压计算电路的总电流。最后就可以根据串联电路中的分压关系和并联电路中的分流关系，逐步计算各部分的电流和电压。

值得注意的是，要分析和计算混联电路就必须要分析电路图中的串联电路与并联电路，这是最为基础，同时也是最为重要的一部分。串联和并联都是电路连接的最基本的两种形式，它们之间存在一定的区别。从其定义上看，串联指的是将电路各个电子元件顺序相接；并联则是将两个同类或不同类的元件、器件等首首相接。两者的特点也不相同，串联的特点是电流只有一条通路；而并联的特点是电路有若干条通路，在并联电路中电压处处相等。最后是开关对两种线路的作用也各不相同，串联开关控制整个电路，并联中的干路开关控制整个电器的开关，支路开关控制所在线路的电器。

要如何判断电路的连接方式是串联还是并联？需要我们找出两个链接方式中的基本特征以及不同之处，这样可以即快速又准确的辨别。第一种方法就是用电器连接法观察其连接方式，分析电路中用电器的连接方法，逐个顺次连接的是串联；并列在电路两点之间的是并联。第二种方法是电流流向法，当电流从电源正极流出，依次流过每个元件的则是串联；当在某处分开流过两个支路，最后又合到一起，则表明该电路为并联。

1.4　电路两大定律

电路两大定律是指姆定律和基尔霍夫定律，对其进行系统、详细的学习，掌握的相关知识，对于我们在实际生活中判断电路的设置是否合理，以及快速排查电路故障具有重要的现实意义。

1.4.1　欧姆定律

欧姆定律是电路中最基本的定律，定律描述了电压、电流与电阻的联系规律。

同时在日常生活中，欧姆定律能够解决诸多与电路相关的实际问题，因此受到了社会各界的关注。

欧姆定律是在 1826 年被德国的乔治·西蒙·欧姆提出的，为纪念欧姆对电磁学的贡献，物理学家将电阻的单位名命名为欧姆，以符号"Ω"表示。

物理学上对欧姆定律的定义为：经过某一导体的电流与该导体两端的电压成正比，与该导体的电阻成反比。

欧姆定律的标准式：I=U/R

欧姆定律的变形公式：U=IR；R=U/I

除了以上欧姆定律的标准式和欧姆定律的变式之外，还存在部分电路使用欧姆定律和全电路使用欧姆定律。下面我们来对这两种不同情况下的欧姆定律进行详细说明。

1 部分电路欧姆定律。

部分电路即不包含电源的一段电路，是指整个闭合电路中的局部电路。

根据欧姆通过研究所得出的结论：在部分电路中，电流的大小与两端电压成正比，与电阻成反比，即为部分电路欧姆定律。同欧姆定律一样，部分电路欧姆定律仍然揭示了电路中电流、电压、电阻三者之间的关系。图 1.4.1 为部分电路欧姆定律。

$$I = \frac{U}{R}, \ \text{或} \ I = \frac{U}{R} = \frac{P}{U} \ (I = U : R)$$

图 1.4.1　部分电路欧姆定律公式

对于电压、电阻、电流三者之间的关系，如果用电压、电流为横坐标和纵坐标，画出电阻和电压、电流之间的关系曲线，该曲线又叫作伏安特性曲线。当伏安特性曲线为直线时，且该直线通过坐标原点，则该电阻为线性电阻，它的斜率为电阻的倒数；当伏安特性曲线呈现的不是直线时，则称该电阻为非线性电阻。如图 1.4.2。

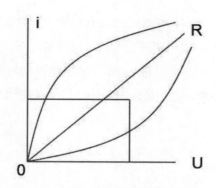

图 1.4.2　电阻伏安特性曲线

部分电路的欧姆定律只适用于电阻的阻值为常数的线性电阻，而对于非线性电阻不适应。全部由线性电阻组成的电路又叫线性电路，而包含了非线性电阻的电路则被叫作非线性电路。非线性电路中的电阻阻值不可预测，往往不适用欧姆定律。

　2　全电路欧姆定律。

与部分电路相反，全电路是指包含电源的闭合电路，全电路则是指的整个闭合电路。

在全电路中，又具体分类为内电路和外电路。内电路指的是电源内部（两极之内）的电路，而外电路则是指电源两极外部的电路，如图 1.4.3。在经过内电路的时候，电流会受到电阻的阻碍作用，我们通常将内电路对电流的阻碍叫作内阻，使用符号"r"来进行表示，通常在电路图中会把"r"单独标注出来，而事实上内电阻只存在于电源的内部，与电源内部的电动势分不开，所以内阻"r"只需要在电源符号周边标明即可。

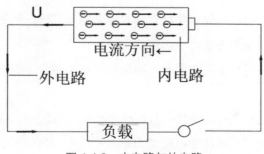

图 1.4.3　内电路与外电路

根据欧姆实验研究中得出的结论：在包含电源的闭合电路下，电源中电流的大小是与电动势成正比，且与总电阻成反比的。正常情况下，电路中电流的流动方向是从正极向负极流动，然而在全电路之中，只有外电路的电流是从正极流向负极的，而内电路的电流则是从负极流向正极。图 1.4.4 为全电路欧姆定律公式。

$$I = \frac{E}{(R+r)}$$

图 1.4.4　全电路欧姆定律公式

欧姆定律与公式在计算上给电学起着关键的作用，为电学研究带来诸多便利，是电力学乃至物理学史上里程碑意义的贡献。但是需要注意的是，欧姆定律只适用于纯电阻电路，金属导电和电解液导电，而在气体导电和半导体元件等情况下，欧姆定律将不再适用。这是因为在一般正常的问题下，对于金属等电子导电的导体，欧姆定律相当精准，而当温度降低，低到某一临界点，此时的电子导体将会进入超导态的状态，而超导态的状态则意味着导体原本固有的电阻消失。

欧姆定律在生活中的意义则在于，像电子秤、握力计、身高测量仪等这些常用的东西，都是根据欧姆定律设计出内部电路的。欧姆定律作为电学中最重要的也是应用最广泛的定律，能够分析生活中简单的电学现象，是我们实现理论联系实际的重要方式。

1.4.2　基尔霍夫定律

在电路和电压中的基本规律都是遵循着基尔霍夫定律，基尔霍夫定律是用来分析电路，计算直流电路的方法之一。当然，基尔霍夫定律的这些分析方法不仅适用于直流电路，而且也适用于交流电路，同时基尔霍夫定律还可以用于含有电子元件的非线性电路的分析。

比如线性电路这样简单的电路，直接使用欧姆定律就可以解决问题，但是对于较为复杂的电路，尤其是无法用电阻的串联、并联进行简化的电路，则不能够直接使用欧姆定律进行求解。这种不能用电阻串联、并联简化求解的复杂电路，需要用基尔霍夫定律先进行分析，再行求解。

基尔霍夫定律中的第一定律简称为"KCL"，这条定律又被称作"基尔霍夫电流定律"。在电路中的任何一个点，任一时刻，流入该节点的电流之和恒等于流出该节点的电流之和，是电流的持续性在集总参数电路上的体现。如图 1.4.5。基尔霍夫定律显然是建立在电荷守恒公理之上的，因为基尔霍夫第一定律确定了电路上任意节点处各支路电流之间的关系，所以基尔霍夫电流定律又叫"节点电流定律"。

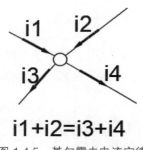

图 1.4.5　基尔霍夫电流定律

假设从某节点进入的电流是正值，而离开这个节点时变为负值，那么这个节点中的所有电流代数都为零。用 KCL 节点电流公式表达为如图 1.4.6 所示的方程。

$$\sum_{k=1}^{n} i_k = 0$$

图 1.4.6　KCL 节点电流方程

如图 1.4.6 所示，其中"ik"代表着第 k 个进入或离开当前节点的电流，同时也是第 k 个流过这节点的相接电流，其中"k"是复数或实数都可。

基尔霍夫定律中的关键词释义主要包括支路、节点、回路、网孔四项。如图 1.4.7。

1 支路。

在电路之中，每个元件就是一条支路，而由多个元件串联而成的电路我们也视它为一条支路。同一条支路内流过的电流，处处相等，即在同一条支路内流过所有元件的电流相等。

2 节点。

节点是不同支路之间交叉的部分，也就是连接两个支路的连接点，而且是至少有两条以上（但不包括两条）的支路所形成的连接点才会被叫作节点。广义上的节点包括任意闭合面。

3 回路。

一个完整的闭合的支路叫作回路。我们也可以理解为，任何一个存在于电路中的闭合电路都可以被认为是回路。这也就意味着一个回路下可能包括了一条支路或者多条支路。

4 网孔。

网孔又被叫作独立回路，网孔的内部的回路不包含任何支路，是电路中不能再分的回路，由此可以得知，网孔一定是回路，但是回路不一定是网孔。

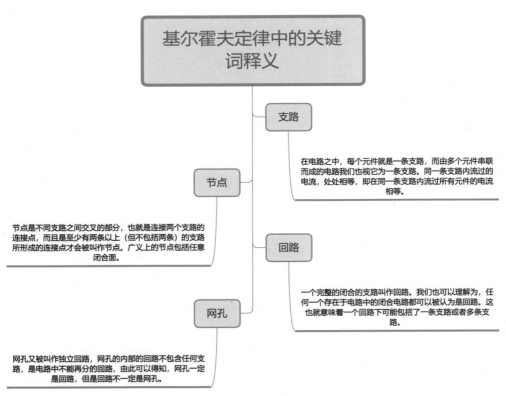

图 1.4.7　基尔霍夫定律中的关键词释义

通过以上节点电流方程，我们可以得知通过电路的任何一个节点的电路，在任意时刻这条电流的代数和恒等于零。可以用水流来进行形象的比喻，假使说河流的水流在某一地方岔开河道，而在下一个地方河道重新归为一条，那么在流入分岔口时的水流量，应当等同于合并河道流出的水流量，即流入汇合点的电流量等同于流出汇合点的电流量。

基尔霍夫定律中的 KCL 定律可以推广应用在任意不包含电源的电路中，说明 KCL 定律不仅仅适用于电路中的节点，即流进封闭面的电流应等于流出封闭面的电流。

事实上，再复杂的电路，都是由两根导线接通电源的正负两极，而电流流经串联在电路的两根导线的量就必然是相等的。如果将其中一根导线切断，那么与之串联的另一根导线中的电流量必然为零。这也是为什么在电力系统工作中需要穿戴绝缘胶鞋的缘故，只需要切断一端（脚与地面的连结），就不会有电流量经过人体并发生危险事故了。

基尔霍夫第二定律简称为"KVL"，又称为"基尔霍夫电压定律"。在任意一个闭合回路中，沿着回路绕行一周，各段电压降的代数和恒等于零，是电场为位场时电位的单值性在集总参数电路上的体现。基尔霍夫第二定律确定了电路中任意回路内各电压之间的关系，故而基尔霍夫第二定律又叫"回路电压定律"，该定律是建立在能量守恒定律基础之上的。

沿着闭合回路的所有电动势的代数和等于所有电压降的代数和。图 1.4.8 为回路电压方程。

$$\sum_{k=1}^{m} v_k = 0$$

图 1.4.8　回路电压方程

在该方程中，"m"代表的是在该回路中元件的数量，"v_k"代表的是位于电子元件两端的电压，"v_k"为实数、复数都可。需要注意的一点是，在列回路电压方程的过程中，应当考虑到各电动势的方向，而方程中电动势的方向需要按照实际电压方向来确定。

KVL 定律虽然描述的是各支路和各电子元件电压之间的制约关系，但是同基尔霍夫第一定律一样，基尔霍夫第二定律同样不仅仅适用于任何闭合回路，当然也可以将基尔霍夫第二定律推广到任意不闭合的假想回路中。

使用基尔霍夫定律可以快速计算出电路中各支路的电流值，但是基尔霍夫定律是建立在电荷守恒定律、欧姆定律以及电压环路定理基础之上，只有在稳恒电流条件下才能够成立，从这一点上来看，基尔霍夫定律的应用较为严格。

因为低频交流电电路中基尔霍夫定律可以正确描述每一个瞬间的电流和电压，所以即便是在交流电路中，也可以应用基尔霍夫定律。而对于具备电感器的电路，在使用基尔霍夫第二定律的时候，需要先加以修正。因为每个电感器都会产生对应的电动势，所以需要先将电动势纳入，才能够利用基尔霍夫定律求得正确的结果出来。

第2章

电工安全用电

2.1　安全用电基础

"电"是一种环保可再生的新能源，给我们的生活带来诸多便利，被广泛应用于各种工业生产、家庭家居等，不断推动我们的生活质量得到提高和改善。但是，我们在看到电能带来好处的同时，也不得不承认，"电"危险的另一面。因为对电源利用和电能转化装置的不合理利用，以及电路设计不合理，长时间缺乏维修或工作人员对电子元件的操作不当等原因，每年造成的财务损失和人身伤亡事故屡屡发生。

鉴于用电事故的频频发生，这就要求我们应当具备安全用电的基础知识，掌握更全面的"电"与人体的客观规律，对"电"进行合理的相关操作，避免危险事故的发生。

2.2　电流是如何伤害人体的

从伤害形式方面来看，电流对人体的主要伤害形式可分为电击和电伤两个类型。

2.2.1　电击

电击可以对人体造成内部伤害，如图 2.2.1。因为人体内部具有较高的电阻，所以当电流流经人体内部时，会产生高热现象。这种高热现象会对人体内部组织造成破坏，并对呼吸、心脏和神经系统造成损伤，影响人体器官的正常工作，严重者导致死亡。我们生活中有很多被电击伤害的例子，例如当人体触电时，想要摆脱电线而肢体却不听大脑的使唤，这是因为电流已经损伤了人体的神经系统；而对于心脏器官的跳动运行，甚至不需要太大的电流就可以使其丧失功能。

图 2.2.1　电击

闪电、家用电线、插座或某些带电负载等，都可能引起电击事故。而根据人体电阻大小和触电持续时间的长短，会造成不同程度的电击损伤，严重程度为轻度烧伤，甚至死亡。所以当电击事故发生的第一时间，我们应当安全有效地切断电流，避免电击持续损伤触电者的身体，对于触电者的急救应当争分夺秒。

电伤对人体所造成的主要是外部的伤害，如图 2.2.2。主要造成伤害的原因是电流产生的热效应、化学效应以及机械效应可以对人体的组织和器官造成伤害。因为电工在作业过程中，常面临电能的各种形式，所以对专业电工而言，预防电伤、保护自身安全具有更加重要的意义。

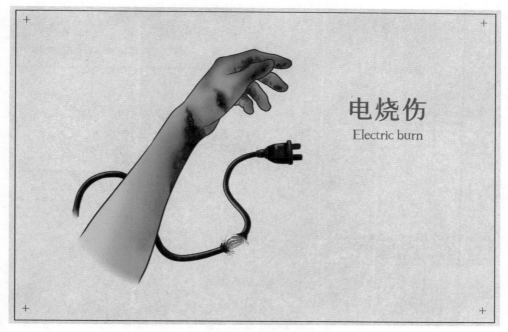

图 2.2.2　电烧伤

而常见的电伤种类主要有：（1）电弧灼伤，多由强烈的电弧引起，因为热效应所以受伤情况类似于烧伤，皮肤泛红起泡的同时伴有烧焦组织的情况出现，严重者会有皮肤坏死的情况出现。（2）电烙印，当人体与电流接触过密，人体虽然未受到电击，但仍会在人体皮肤表面留下与所接触的电体相似的伤痕，该伤痕虽不会出现发炎、化脓的情况，但会使受伤的皮肤表皮坏死。（3）电光眼，当进行电能工作时，电能发生光化学反应，产生弧光放电现象，会对眼睛造成严重的伤害。（4）皮肤金属化，该种电伤主要伤及皮肤部位，当电能发生热效应，高温电弧熔化周围的金属，当被熔化的金属蒸发或飞溅至皮肤表层，便极易形成皮肤金属化的电伤。但金属化后的皮肤随着人体的新陈代谢会自动脱落，故而皮肤金属化的电伤对人体造成的危害较小。如图 2.2.3。

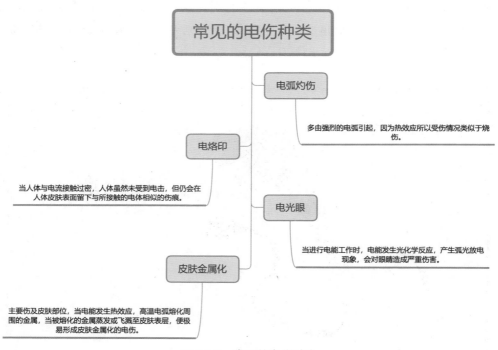

图 2.2.3　常见的电伤种类

从电流对人体造成伤害的主要因素分析，主要体现在电流的大小、电压的高低、电流频率的高低、通电时间的长短、电流通过人体的路径、人体状况、人体电阻的大小这几方面。如图 2.2.4。

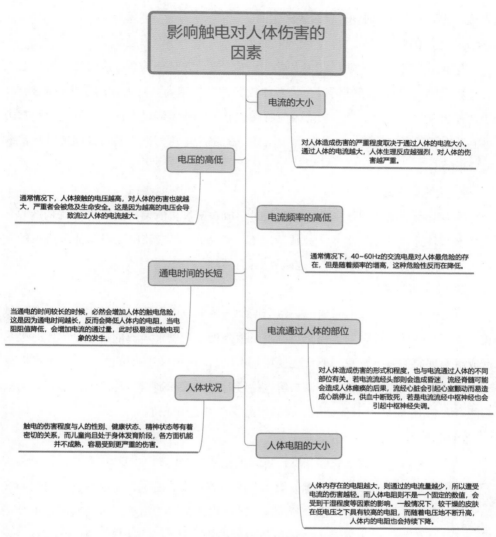

图 2.2.4　影响触电对人体伤害的因素

1 电流的大小。

对人体造成伤害的严重程度取决于通过人体的电流大小。通过人体的电流越大，人体生理反应越强烈，对人体的伤害越严重。当 20~30mA 的电流通过时，人体的血压会骤然上升，伴随着呼吸困难的出现，此时的人体神经系统被麻痹，不能够迅速摆脱带电体。当 50mA 的电流通过人体时，此时的人体会出现心脏颤动和呼吸麻痹的情况，只需要几秒的时间，便会丧失生命。

②电压的高低。

电压，也被叫作电势差或电位差。电压的流动方向是从高压流向低压，有电压就会形成电流通过。通常情况下，人体接触的电压越高，对人体的伤害也就越大，严重者会被危及生命安全。这是因为越高的电压会导致流过人体的电流越大。我国对电压进行了等级分类，一般认为 36V 以下为安全电压，即不会对人体造成严重危害后果的电压。

③电流频率的高低。

因为电场磁场会相互变换，在高频时形成电磁场，所谓的电流频率就是指的是交流电一秒钟内的变换次数。通常情况下，40~60Hz 的交流电是对人体最危险的存在，但是随着频率的增高，这种危险性反而在降低。

④通电时间的长短。

当通电的时间较长的时候，必然会增加人体的触电危险，这是因为通电时间越长，反而会降低人体内的电阻，当电阻阻值降低，会增加电流的通过量，此时极易造成触电现象的发生。我们通常会使用触电电流与触电持续时间的乘积来衡量电流对人体的伤害程度，而触电电流与触电持续时间的乘积通常被称为电击能量，当电击能量大于 150mA·s 时候，触电者的生命安全将受到威胁。

⑤电流通过人体的部位。

对人体造成伤害的形式和程度，也跟电流通过人体的不同部位有关。若电流流经头部则会造成昏迷，流经脊髓可能会造成人体瘫痪的后果，流经心脏会引起心室颤动而易造成心跳停止，供血中断致死，若是电流流经中枢神经也会引起中枢神经失调。众所周知，电流通过人体的最危险的路径为从左手到胸部心脏的流通路径，该线路虽然较短，却极易导致人体死亡。有人认为从脚到脚的电流途径是危险性最小的，该想法并不正确，电流的经过易引起痉挛，而导致人摔倒引发二次触电事故。

⑥人体状况。

儿童在触电后往往会受到更严重的伤害，这是因为触电的伤害程度与人的性别、健康状态、精神状态等有着密切的关系，而儿童尚且处于身体发育阶段，各方面机能并不成熟，容易受到更严重的伤害。

7 人体电阻的大小。

人体内存在的电阻越大，则通过的电流量越少，所以遭受电流的伤害越轻。而人体电阻则不是一个固定的数值，会受到干湿程度等因素的影响。一般情况下，较干燥的皮肤在低电压之下具有较高的电阻，而随着电压地不断升高，人体内的电阻也会持续下降。人体电阻最高的地方主要集中在皮肤部位，这是因为表皮没有毛细血管，而拥有角质层的皮肤拥有更高的人体电阻值。然而当皮肤受损暴露血肉，此时人体电阻较低，极易发生触电现象。

电流对人体的伤害极易造成死亡等严重后果，这就要求我们在供电、用电的过程中，操作和工作人员需要格外注意用电安全，不可麻痹疏忽。

2.3　电工安全用电常识

电工的日常工作作业总离不开同"电"相关的内容，而"电"像空气一样无色无味，也看不见摸不到，同时还伴有触电的危险，这就要求需要掌握一些切实有用的电工安全用电常识，在生活和工作中注意用电安全问题，切实保护好自身生命安全。

2.3.1　安全电压

安全电压指的是在并未穿戴任何防护装备的情况下，不会对人体造成伤害的电压值。我国将这个数值定为36V，但是在安全电压下工作时触电，如果不及时处理，长时间触电也容易产生严重后果，比如由于触电刺激容易引起高空坠落、摔伤等二次性伤亡事故。而对于个人而言，安全电压并不是一个固定的数值，与人的实际情况、触电时间长短、工作环境、人与带电体的接触面积和接触压力等因素都有着密切关联。

说到安全电压，我们不得不了解人体允许电流。人体允许电流是指发生触电后触电者能自行摆脱电源、解除触电危害的最大电流。人体允许电流的数值因性别而异，成年男性的人体允许电流为 9mA，成年女性的人体允许电流为 6mA，在安装了防触电保护装置的情况下人体允许电流最高可达到 30mA，而考虑到工作环境和可能发生二次事故等因素，人体允许电流应当按照 5mA 来考虑。

此外，安全电压的取值也与人体电阻有较大的关联。人体内的皮肤电阻、皮肤电容、体内电阻都是可以起到电阻的作用。而皮肤电容的数值较小，可以忽略不计。人体体内电阻一般为定值，约 $0.5k\Omega$，而皮肤电阻则是组成人体电阻的最大部分，通常为 $1\text{~}2k\Omega$，但是会随着皮肤薄厚、皮肤潮湿、皮肤出汗、皮肤损伤、皮肤表层导电粉尘、皮肤与带电体接触面、皮肤与带电体接触压力等因素的变化，皮肤电阻也会发生相应变化。

2.3.2 不同电流对人体的影响

电流对人体造成的伤害程度，和电流大小、部位、时长、频率等有很大关系。另外，触电者本身的身体状况也是影响伤势的原因之一。通常情况下，电压越高，流过人体的电流量越大，对人体造成的危害也越大，而流经大脑和心脏的电流又是最危险的，交流电流比直流电流更容易对人体造成高程度的伤害。表 2.3.1 为不同电流对人体的影响。

表 2.3.1 不同电流对人体的影响

电流 /mA	通电时常	工频电流 人体反应	直流电流 人体反应
0~0.5	持续通电	无感觉	无感觉
0.5~5	持续通电	有麻刺感	无感觉
5~10	数分钟内	痉挛、剧痛，但可以自行摆脱电源	有针刺感、压迫感及灼热感
10~30	数分钟内	迅速麻痹、呼吸困难、血压升高，无法依靠自己摆脱电源	压痛、刺痛、灼热感强烈，并伴有抽筋

续表

电流 /mA	通电时常	工频电流 人体反应	直流电流 人体反应
30~50	数秒钟至数分钟	心跳不规律、昏迷、强烈痉挛、心脏开始颤动	感觉强烈，剧痛并伴有抽筋
50~ 数百	低于心脏搏动周期	受强烈冲击，但未发生心脏颤动	剧痛、强烈痉挛、呼吸困难或麻痹
	低于心脏搏动周期	昏迷、心室颤动、呼吸麻痹、心脏麻痹	

2.3.3　常见的触电原因及触电事故的规律

常见的触电原因有：(1)缺乏电气安全知识，没有按照正确的操作流程对电子元件进行操作而引起操作失误。(2)潮湿、多雨的环境会降低电气设备的绝缘性能，相对更容易导致触电。(3)电子元件或电气设备本身的不合格，输电线、电气设备绝缘性能的不完善，导致漏电现象的发生，人体无意间接触不合格的电气设备或导线就容易触电。(4)长期缺乏对电气设备和导线的维修或是维修不善，或是电工在维修过程中进行了违章作业的行为。(5)其他诸多偶然因素或不安全因素等。如图 2.3.1。

触电事故的规律：(1)季节性对于引起触电事故的原因较为明显，往往夏季以及多雨的季节触电事故较为频发，这与雨季潮湿的天气环境有很大的关联，过高的潮湿度不仅降低电气设备的绝缘性能，而且大幅度降低了人体皮肤电阻数值。(2)一般多发低压触电事故，高压触电事故在于少数。比起来高压作业，在进行低压作业时，电工往往会放松警惕性，出现的违章作业的情况较多，再加上日常生活中低压电网广泛，低压设备更为常见，需要经常性的进行低压作业，而低压设备管理人员的疏忽，缺乏对低压设备的维修等，便出现了大量低压触电事故。(3)触电事故常发生在线路部位，尤其是多条线路相接的部位，是最容易发生触电事故的部位，很多电工在进行这方面的作业时，因为自身基础知识的不牢固，或者安全防范意识较低，仅仅依靠经验就开展作业工作，往往容易造成触电现象。如图 2.3.1。

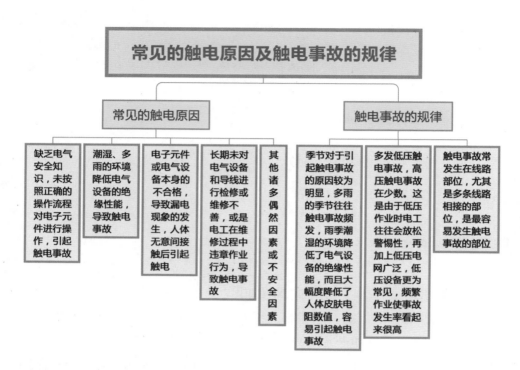

图 2.3.1 常见的触电原因及触电事故的规律

2.3.4 预防触电的措施

预防触电的措施包括绝缘、屏护、间距、接地等。如图 2.3.2。

1 绝缘。

绝缘是在人体接触带电体时阻止电流通过，将带电体用绝缘物封闭起来的有效防止触电的措施。我们常见的瓷、玻璃、云母、橡胶、木材、胶木、塑料、布、纸和矿物油等都是常见的绝缘材料，如图 2.3.3。但是需要注意的是，绝缘材料并不是绝对的防范，当绝缘材料受潮后会丧失绝缘性能或在强电场作用下会遭到破坏，进而丧失绝缘的性能，而超负荷的使用往往也容易导致绝缘的损坏。

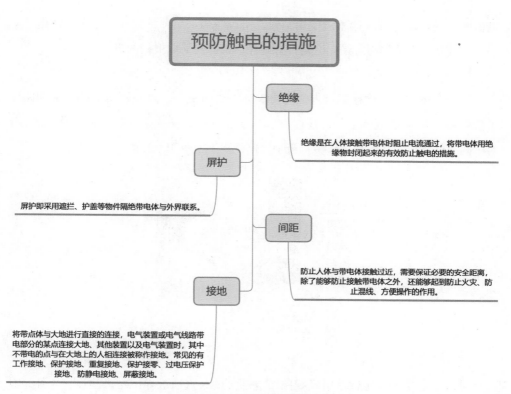

图 2.3.2　预防触电的措施

图 2.3.3　绝缘设备

2　屏护。

屏护即采用遮拦、护盖等物件隔绝带电体与外界联系。因为在我们日常生活中，电器开关的可动部分一般不能使用绝缘，所以应当采用屏护的办法来防止触电。对于高压设备，我国的规定是无论是否有绝缘，都需要采取屏护的措施。

3 间距。

防止人体与带电体接触过近，需要保证必要的安全距离，如图 2.3.4。而间距除了能够防止接触带电体之外，还能够起到防止火灾、防止混线、方便操作的作用，对于间距的规定，在低压工作中，最小检修距离不应小于 0.1m。

图 2.3.4　安全距离

4 接地。

接地就是将电气装置或电气线路带电部分的某点通过导体与大地连接。凡是具有金属外壳的电气设备，应当按照相关规定进行接地装置的安装。

电气接地的方式有很多，根据其不同作用可以分为工作接地（如图 2.3.5）、保护接地（如图 2.3.6）、重复接地（如图 2.3.7）、保护接零（如图 2.3.8）等。

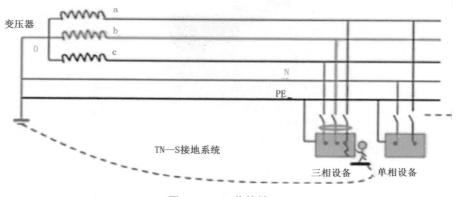

图 2.3.5　工作接地

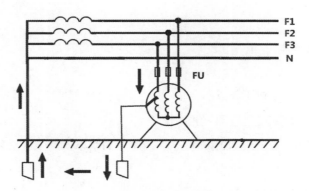

图 2.3.6　保护接地

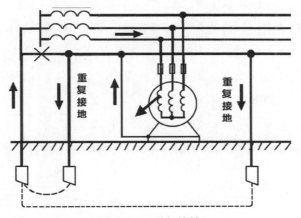

图 2.3.7　重复接地

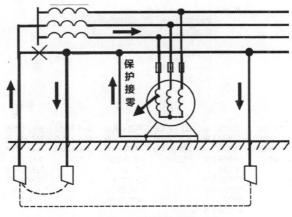

图 2.3.8　保护接零

2.3.5 电工作业注意事项

电工作业时要注意以下几点：

1. 不得私自修理或乱碰修理车间的设备。

2. 配电箱作为经常接触使用的物品、插座、插销以及导线，必须保持完好，避免破损和带电部分裸露在空气中。

3. 不可使用铜丝来代替保险丝。

4. 定时对电气设备检修和维护，检查接地、接零装置的牢固性。

5. 在移动电气设备时，应当先行切断电源，并保护好导线，避免在移动过程中受损。

6. 在使用手持电动工具时，需要按照相关规定安装漏电保护器，金属外壳需要进行接地或接零装置的保护。

7. 雷雨天气，避免开展高压作业，并远离高压电区域。

8. 对设备进行维修时，一定要切断电源，并在明显处放置"禁止合闸，有人工作"的警示牌。

除此之外，电工作业时要严格按照文明操作和技术安全的要求来执行。其具体要求如图 2.3.9。

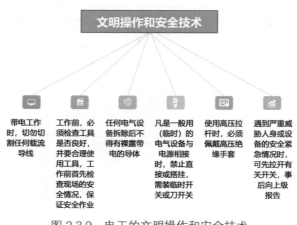

图 2.3.9　电工的文明操作和安全技术

2.4　人体触电的可能性

在日常生活中，总免不了与各种形式的电气设备打交道。而作为电工，更是时时刻刻要进行与"电"相关的工作作业，这都在无形之中增加了人体触电的可能性，这就要求我们要对人体触电的可能性具备一定的了解，才能够有效防范在日常作业中发生触电现象的可能性。而人体触电的各种形式都为人体触电带来了较大的可能性。人体触电形式主要有单相触电、两相触电、接触电压触电和跨步电压触电等，下面来——介绍。

2.4.1　单相触电

当人体触碰到带电体或某一相导体时，电流会经过人体流向大地，最终回到中性点。发生在人体上的这一类型触电事故叫作单相触电，如图 2.4.1。这种触电事故约占总触电事故的 75% 以上。当低压电网的中性点接地时，作用于人体的电压高达 220V。

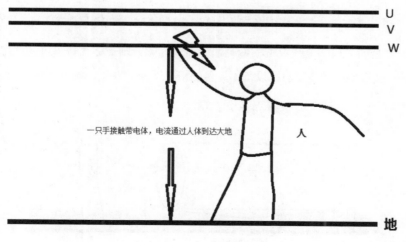

图 2.4.1　单相触电

2.4.2　两相触电

当人体的两个部分，例如两只手同时触碰到两相带电体，此时电流会经过人体，从一相导体流入另一相，就会发生触电事故，如图 2.4.2。除此之外，如果在高压系统中未能保持安全距离作业，可能会出现电弧放电现象，同样会导致电流在一相导体→人体→另一相导体之间流动，引起触电事故。上市触电事故中，作用于人体的电压将高达 380V，危害性非常大。

图 2.4.2　两相触电

2.4.3　接触电压触电

当触电是因为接触电气设备的带电部分而引起的，则被称为接触电压触电。如图2.4.3。通常在接地或者接零防范设备不完善的情况下极易发生接触电压触电的现象。

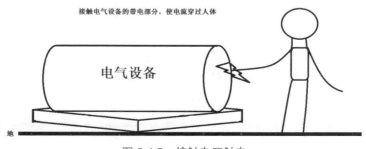

图 2.4.3　接触电压触电

2.4.4   跨步电压触电

当电线段落在地面上，带电的电线随之下降，呈现低电位，一旦人体双脚同时踩在带有不同电位的地表面两点时，此时就会引起跨步电压触电，如图 2.4.4。而跨步电压触电最大值可以达到 160V。当遇到跨步电压触电的情况时，需要合拢双脚并跳出接地点 20m 外，可有效保障自身的生命安全。

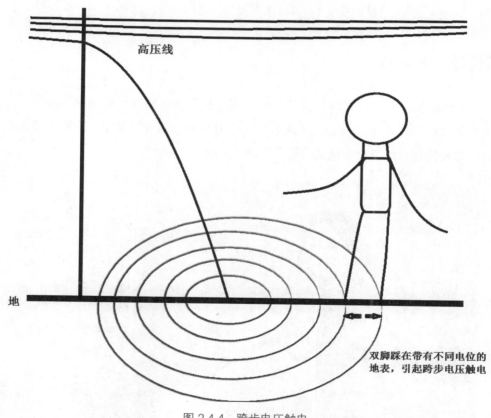

高压线

地

双脚踩在带有不同电位的
地表，引起跨步电压触电

图 2.4.4   跨步电压触电

2.5 工作环境中的安全隐患

电工工作的环境要时刻与各种电气设备打交道，行走于各类车间之间，必要时，需要进行高空作业。在这些工作环境中，存在诸多的安全隐患，都是需要注意并进行防范的。电工工作环境中的安全隐患主要存在电气火灾、静电、雷电、电磁等方面。

2.5.1 电气火灾

一些照明设备，电器以及电动工具等都容易引发火灾等严重问题。其发生原因是因为电气设备年久失修，绝缘老化、选用不当、用电量增加、线路超负荷运行、接头松动、电器积尘或受潮等。如图 2.5.1。

图 2.5.1　电气火灾

所以，日常生活中必须选用合理的电气装置，从根源上防范电气火灾，注意电器线路的负荷程度不能过高，并远离易燃、可燃物，经常对电气设备进行检修，排除电气设备的异常情况，尤其是注意防潮等，排除可能存在的电气发生火灾的安全隐患问题。

2.5.2　静电

在电工工作中，进行切割、感应、摩擦等活动，这些都是很容易产生静电的行为，而这些静电又容易造成多种危害。由于静电的电压很高，最常见的静电危害就是发生静电火花，在电工的工作环境中，产生静电火花将增加火灾和爆炸发生的可能性。图2.5.2 为静电效果图。

图 2.5.2　静电

对于避免静电的措施，一般使用将静电接地、增加空气的湿度或加入抗静电剂的办法，来减少静电的产生。而电工在工作环境中，也应当减少摩擦等危险动作的频率，降低静电产生的可能性。

2.5.3　雷电

雷电对于电工的工作环境来说是最大的安全隐患，生活中一般采用避雷针、避雷网、避雷线等等装置来做雷电防护，将雷电导入大地之中，以此来减轻雷电的危害。如图 2.5.3 为安装了避雷针的宫殿山墙。但是以上所述装置主要保护建筑物和电力设备等，凡是有可能被雷击的电气设备，都需要安装防雷措施。当出现雷电天气时，电工应当及时撤离工作现场，保证自身的生命安全。

图 2.5.3　装有避雷针的宫殿山墙

2.5.4　电磁

电磁场的形成，也会为电工的工作带来困扰，会增加电工在工作环境中的诸多不确定因素。如图 2.5.4 为电磁环境模拟图。在电磁场的影响下，静电效果会更频繁地发生，无形中增加了电气火灾发生的概率。而对于电磁危害的防护，一般采用电磁屏蔽装置，由铜、铝、钢制成的金属网，能够有效地消除电磁场的能量，同时应当对屏蔽装置进行接地，提高屏蔽效果的同时提高安全性。

图 2.5.4　电磁环境模拟图

除了电气火灾、静电、雷电、电磁等安全隐患外，电工的工作环境中还容易出现各类突发事件。因此，电工在进行作业时，尽量避免离开工作人员的视线，同时悬挂标示牌或者装设遮拦以做到提示的作用，如悬挂"禁止合闸"的标示牌，表示电工作业中，禁止对电气设备合闸接通电流。电气设备一般不能受潮，如果必须要在潮湿或下雨的天气下进行作业，电工需对电气设备进行防雨水和防潮措施。而电气设备工作时会发热，也容易产生工作环境中的安全隐患，需要有良好的通风散热的条件。为排除工作环境中的安全隐患，所有电气设备的金属外壳应有可靠的保护接地措施，避免电工在工作环境中触电事故的发生。

第 3 章
电工常用工具及仪表

电工在进行电气相关作业时，必然需要一些辅助工具，这些重要的工具和仪表能够提高工作效率和工作质量，并对保障电工的人身安全具有重要意义。常见的加工工具有钳子、扳手、螺钉旋具、电工刀、切管器、弯管器等，常见的电工常用检测仪表有验电器、万用表、钳形表、兆欧表等。除此之外，还有登高工具、架杆工具、维修工具等其他工具。对于电工来讲，为了更好的完成工作作业，就需要掌握电工常用工具及仪表的结构、性能、使用方法和规范操作，下面将详细介绍这些电工常用工具及仪表。

3.1 加工工具

在进行电工作业时常常要用到各种加工工具，而工具的质量与使用方式的规范程度，都是影响施工效率和质量的关键，甚至直接影响施工人员的生命安全。只有熟练地掌握各种必备的加工工具，才可事半功倍，更好、更快、更有效地完成作业。

3.1.1 钳子

钳子，是经常被电工们用来弯曲扭转、剪短金属丝线的工具，也被用作固定加工的工具。如图 3.1.1、3.1.2、3.1.3 所示，分别为电工钳、大力钳、尖嘴钳。在使用钳子的时候，总避免不了与电线或是带电导体进行接触，所以在钳子的手柄上要套有以聚氯乙烯等绝缘材料制成的保护套管，保证电工操作者的安全。而因为使用钳子工作环境的特殊性，钳子一般使用 0.45% 碳含量的优质碳素结构钢制造，在经过锻压轧制成钳胚形状后，需要进行磨铣、抛光等金属切削加工的复杂加工过程，最后在进行热处理之后才能成为合格的电工加工工具。更高品质的钳子和用于重型作业的钳子则需要加入更高的碳元素含量或者是合金元素，如铬、钒等。

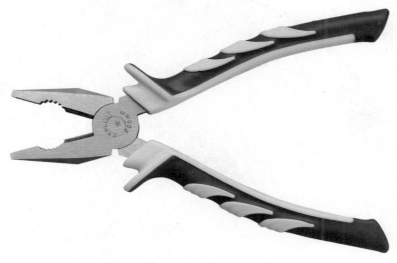

图 3.1.1　电工钳

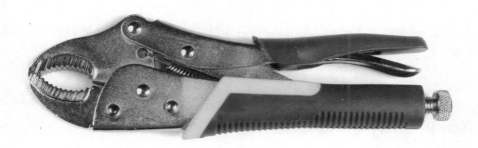

图 3.1.2　大力钳

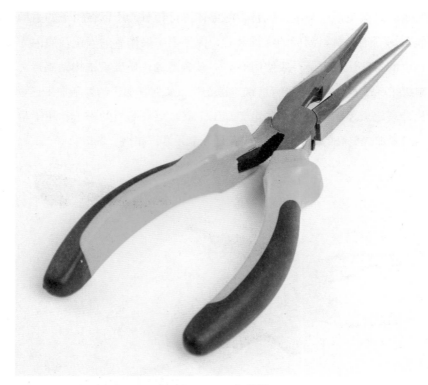

图 3.1.3　尖嘴钳

　　钳子的外形呈 V 形，常见的钳子一般包括手柄、钳腮和钳嘴三大部分。

1　手柄。

　　根据人体工程学原理设计的钳子手柄，可供电工更安全舒适的握持使用。在钳子的三大部分中，手柄的长度占比最大，这是运用了杠杆原理，能够将电工作用在手柄上较小的力转化为较大的力，使钳子能够有效地进行夹持或剪切的工作。

2　钳腮。

　　钳腮即钳子的连接轴部位，这是钳子的连接轴点，电工作业的特殊性就要求钳腮部位必须活动平稳，不能够有任何的松动，但同时也不能闭合过紧，应当以使电工能够单手轻松打开或闭合钳子为标准。

3　钳嘴。

　　常见的钳子的钳嘴处会带有剪切刀口，这些剪切刀口经过精磨被打造成适宜电工工作的形状，切口锋利并能够精准闭合，常被电工用来剪切电线或铁丝。

　　钳子是电工作业中方便且便捷的工作工具，使用钳子也需要掌握一定的技巧。一般采用右手单手进行操作，钳口朝内便于控制切割部位，小指抵住钳子手柄顶端，便于借助钳腮的杠杆力量而轻松地分开钳嘴。如图 3.1.4。需要注意的一点是，虽然钳子质地坚硬，但切勿把钳子当锤子使用。

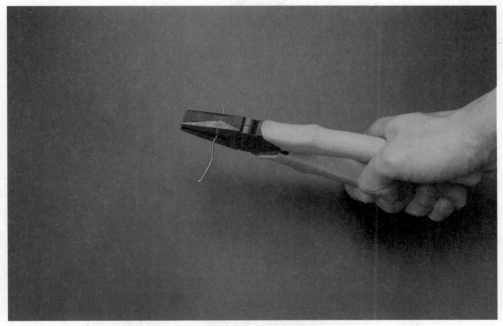

图 3.1.4　钳子的使用

3.1.2　扳手

　　扳手是利用杠杆原理来进行安装和拆卸的工具，通常被用来扭转螺栓、螺母等具有螺纹的物件，是电工作业中常用到的手工工具。如图 3.1.5。而扳手的制造材料大多是碳素或合金材料的结构钢，因此扳手质地坚硬，使用寿命较长。这也就要求在扳手的使用期限中，需要按照严格的检测标准对扳手进行检修。

图 3.1.5　扳手

　　扳手的使用方法：在扳手的手柄顶端会有夹持螺母的套孔，在需要对螺栓或螺母进行拧动作业时，电工只需要握住扳手的手柄，沿着螺纹旋转的方向发力，就能够轻松拆卸下螺栓或螺母。如图 3.1.6 所示。

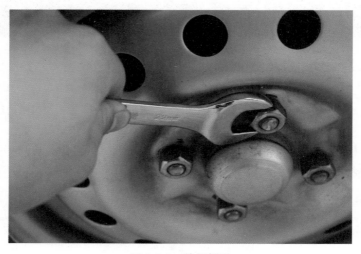

图 3.1.6　使用扳手

扳手的检测要求包括：

（1）不得出现生锈，不得存在毛刺、裂纹、斑点等可能影响扳手使用的瑕疵存在；

（2）扳手的扳口需要对称，扳手上的激光刻字需要清晰；

（3）扳手的制造材料要符合规定标准，具备规定标准要求的硬度，扳口卡位能做到精准；

（4）扳手上的调整涡轮需保持活络运作，销轴不能松动。

3.1.3　螺钉旋具

螺钉旋具也就是我们日常常见的螺丝刀、改锥，是用来旋紧或者是放松螺钉的工具，传统的螺钉旋具由塑料把手加能够锁定螺钉的小铁棒组成，常见的螺钉旋具有一字和十字两种。

一字螺钉旋具：一字螺钉是最早出现的工具，一族螺钉旋具也随着一字螺钉的普及而出现，成为配套工具。如图 3.1.7。一字螺钉旋具的出现是人们为了便捷扭动螺钉而发明，但是随着螺钉被广泛应用和时间的推移，在使用过程中，一字螺钉的一字槽易受到破坏，且难以恢复，被破坏的一字螺钉难以拧动，长期以来，给工作人员带来了很大的困扰。

十字螺钉旋具：为了弥补一字螺钉存在的不足，在使用螺钉的过程中能够减少扭距，人们想到了在螺钉头上再加一条槽的办法，由此形成了十字螺钉和配套的十字螺钉旋具。如图 3.1.8。虽然承受了同样的扭力，但十字螺钉较一字螺钉具有更强的抗破坏能力。时至今日，大多数老式机器上用的仍是一字螺钉，而这些机器上的一字螺钉又不能全部拆除替换，十字螺钉旋具不能用在一字螺钉的槽口上，所以出现了一字螺钉旋具和十字螺钉旋具同时在使用的情况。

螺钉旋具使用方法：将能够锁定螺钉槽位的小铁棒对准螺钉的槽位部分，在紧密贴合之后，电工抓住塑料手柄的部位，沿着顺时针的方向即可以将螺钉进行旋转并嵌紧。反之，沿着逆时针的方向即可以将螺钉旋转松出，如图 3.1.9。对于较长的螺钉旋具的使用，可使用右手握住手柄向下压紧，使螺钉旋具铁棒头部与螺钉槽位紧密贴合，再用左手握住螺钉旋具的中间部分，稳定螺钉旋具防止滑落，但是需要注意的是左手避免放在螺钉附近，以免螺钉刀滑出时划伤左手。

图 3.1.7　一字螺钉旋具

图 3.1.8　十字螺钉旋具

图 3.1.9　螺钉旋具的正确使用方式

　　因为螺钉具有大小不同的型号，所以在使用过程中，应当选取与螺钉大小相适应的螺钉旋具。螺钉旋具的铁棒头部应当与螺钉槽位相贴合，在使用螺钉旋具的过程中，避免斜度过大，防止打滑现象发生。电工在工作作业中，应避免使用金属杠直通手柄底部的螺钉旋具，防止触电事故的发生，而且在使用过程中，电工也应当注意身体部位尤其是手与螺钉旋具金属杆的直接触碰，在螺钉旋具金属杆部分套绝缘管可有效避免并防止触电事故发生。如图 3.1.10 所示，使用者在使用过程中触碰了螺钉旋具的金属部分，为错误使用方法。

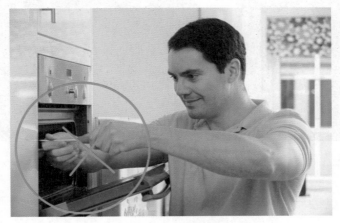

图 3.1.10　螺钉旋具的错误使用方式

3.1.4 电工刀

电工刀是一种专门为电工使用的切削工具，刀片、刀刃、刀把、刀挂等位置都有不同的用处。图 3.1.11 为电工使用刀具。因为电工刀具备能够切割木条、钻孔、剥离绝缘管等多种功能，且多数电工刀自身刻有钢尺，具有结构简单、使用方便、功能多样的优点，是每位电工作业时必备的加工工具。

在使用电工刀时，电工应该右手握紧电工刀的手柄，左手抓紧需要进行切割的导线或木条，将刀片以 45°的角度切入。若是用电工刀垂直切入导线，容易对导线的绝缘层造成伤害。多功能电工刀除了刀片外，还带有锯子、剪子和小扳手等工具，具有多种多样的功能，而电工刀上的钢尺还可以检测电子元件的尺寸。

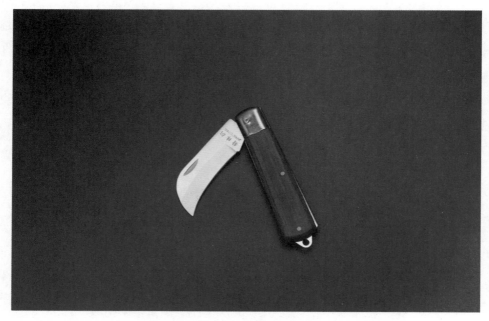

图 3.1.11　电工刀

在使用电工刀时，需要注意保护自己，避免受伤，刀口应当朝着与手所在的相反的方向进行工作。在用完电工刀之后，应立即将刀身折入刀柄中，避免锋利的刀口裸露在外而造成误伤事故。因为电工刀的刀柄部分并没有绝缘层的装置，所以电工在使用电工刀进行作业前，需进行断电处理，避免在带电体上使用电工刀而导致触电事故发生。电工刀的刀口一面呈现圆弧状的刃口，为避免电工刀的刀口损伤导线的金属线芯，在进行剖削导线的绝缘层时，需使用圆弧状刀面贴合导线进行剖削作业。

电工刀作为电工常用的工具，多种多样的功能使电工在工作中既省时又省力。

对于电工刀的选取，刀刃不可太锋利，否则容易伤及导线线芯，对电工刀的磨修也不可太钝，否则难以划开导线绝缘层。此外，在使用电工刀的过程中更要注意避免划伤手和触电等多方面的安全问题。

3.1.5　切管器

在电工作业中，常需要对管状物件进行加工。若是使用一般的切割工具，很容易造成切口不整齐，影响管路的焊接工作，所以此时就需要用到切管器工具。切管器又分为手动切管器和电动切管器两种，电工在作业中遇到的管道多是用来保护和通过导线的普通管道，所以电工通常使用手动切管器的情况较多。图 3.1.12 为工人使用工具切割材料。

图 3.1.12　使用工具切割材料

手动切管器：由刀片、手柄、滚轮和刮管刀等多部分组成，需要电工使用人力并手动对管道进行切割。在使用过程中，首先将需要进行切割的管道放置在切管器的刀片和滚轮的中间，对切管器的刀口位置进行调试，使切管器的刀口触碰到管道的管壁，确保刀口、管道和滚轮三者处在垂直水平线上，并对管道进行固定防止脱落。将切管器手柄的一端与地面垂直，左手握稳管道，右手按动切管器，并使管道沿着顺时针的方向旋转。当旋转一周后，需要切管器朝着管道进刀，然后重复顺时针旋转的动作，一边旋转一边进刀，直至将管道切断。在切割管道的过程中，应始终保持刀片、管道和滚轮三者间的垂直状态，保持缓慢的速度进行旋转切割，避免进刀过快而损毁切管器的刀刃。当管道被切断之后，管道的管口会有一些毛刺，可以使用切管器上的刮管刀对其进行修整。

电动切管器：电动切管器的别名为切管机，常被用来切割大型金属管道，在建筑、机械生产等行业中较为常见。

其工作原理是通过电器系统控制气压系统的运动方向，推动做直线往返运动，以达到预期的走刀路线，完成对管道的切割工作。

使用切管器可以达到精密切割的效果，管道的切口较为平整，便于之后对管道的连接工作，而且利用杠杆原理对管道进行切割，省时省力。

相对来说，手动切管器携带方便，电工可以根据工作环境自行开展对管道的切割方案。手动切管器的设计科学合理，电工在使用过程中具有较高的安全性，而且只要正确使用切管器进行切割，则不会产生火花和灰尘。

3.1.6 弯管器

弯管器是专门弯制 20mm 管径以下的金属管的一种专业用具，经常被电工用来对电线管进行折弯排管工作，是螺旋弹簧形状的工具。常见的弯管器由滑块手柄、成型手柄、成型盘、挂钩、滑块、转向机制等部分组成。使用弯管器，能够快速地令金属管进行工整圆滑的弯曲而不会让管道形成变型或造成裂变。

弯管器的使用方法：电工的右手握紧弯管器的手柄，也可直接固定在台钳上，在放松挂钩之后，将滑块手柄上升抬起，将需要进行弯曲的管道放置在成型盘的卡槽中，再使用挂钩将管道固定在成型盘的卡槽中，将滑块手柄放下，使挂钩上的 0 刻度线与成型盘上的 0 度角标记的位置重叠，再绕着成型盘旋

转滑块手柄，到 0 刻度线和成型盘上管道需要弯成的度数上的数字重合即可。

除了常见的弯管器之外，还有简单便捷的手动弯管器。它的外形像是一根弹簧，在使用的时候，需要将这根弹簧套在需要被弯曲的管道上面，尽量施加较大的力气缓慢平缓地对被套了弹簧的管道进行弯曲。这种弹簧式的手动弯管器可以很大程度上保证管道不会变形或裂变。

在使用弯管器的时候，需要保证工作环境适宜操作，清理可能妨碍工作的杂物，尤其要检查地面不能有油污、水渍等容易使人员滑到的物件存在。因为弯管器工作原理的特殊性，所以要时常检查弯管器的防护装置，并及时添加润滑油，对弯管器需要润滑的部位做好润滑工作。在操作弯管器时，尽量避免独自行动，最好两人同时操作并密切配合、协调一致。

3.2　开凿工具

3.2.1　开槽机

对于一些水泥、沥青路面，我们需要用的开槽工具就是开槽机。开槽机的主要工作原理是通过特制的刀片快速地将裂缝整理为凹槽状，将原本不平整的表面整理均匀，形成整齐的结合面。一般来说，开槽机由扶手、电动推杆、发动机、发动机座架、皮带传动机构、燃油箱、车轮架、车轮、刀盘架、刀盘、刀具、主轴、橡胶板、索链及电控系统组成。

3.2.2　电钻

手电钻、冲击钻、锤钻是电钻的三个种类。

手电钻的使用范围仅限于电改锥，如图 3.2.1，但是部分手电钻可以进行改造，根据不同的用途改成专门的用具，而且功率最小。手电钻只是单单的凭靠电机带动传动齿轮加大钻头转动的力气，使钻头在金属、木材等物质上做刮削形式洞穿。图 3.2.2 所示为使用电钻在木材上打孔。

图 3.2.1　电钻

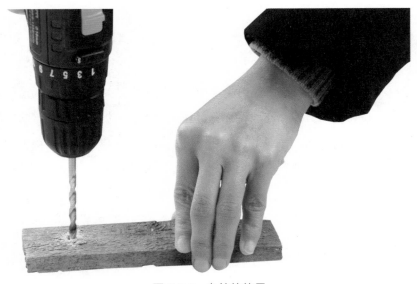

图 3.2.2　电钻的使用

冲击电钻拥有两种不同的冲击机构。第一种是犬牙式，第二种是滚珠式。滚珠式冲击钻通过利用 12 个钢球动盘与主轴相连，定盘带着 4 个钢球和销钉固定在电钻机盘上，使用时，钢球、动盘、定盘相互配合运作。冲击钻工作时在钻头夹头处有调节旋钮，可调钻和冲击钻两种方式。但是冲击钻是利用内轴上的齿轮相互跳动来实现冲击效果，冲击力远远不及电锤。它也可以钻钢筋混泥土，但是效果不佳。

锤钻（电锤）的应用范围很广泛，可以在很多种坚硬的材料上开洞。锤钻与其他电钻不同的是，可以利用底部电机带动两套齿轮结构，一套齿轮结构实现钻的效果，另一套齿轮架构带活塞，犹如发动机液压冲程，产生强大的冲击力，伴随着钻的效果，力量可以"裂石分金"。

3.3　电工常用检测仪表

在日常的电气作业中，总免不了对一些数据进行实际测量，这就需要提及电工常用的检测仪表了。电工检测仪表的种类繁多，在这里，我们主要对验电器、万用表、钳形表和兆欧表进行详细介绍。需要注意的一点是，在实际测量中，总会受到各种因素的影响，所以即便使用精密的检测仪表，其测量结果，也不可能是被测量数据的真实数值，只能是一个近似值。我们通常将检测仪表上显示的数字当作真实数值来对待，并称之为测量结果。测量结果与真实数值之间的差值被称为测量误差。

3.3.1　验电器

验电器一目了然，是检测物体带电的仪器，而验电器上所显示的数值是物体带电量的粗略检测估计。验电器的原理来源于电离现象，及原子核所带的正电荷和原子核外电子所带的负电荷之间相互作用的电性力，随物质的不同而有强弱。用箔片来示例，因为同种电荷之间会发生相互排斥的现象，当被检验的物体接触了验电器顶端的导体，物体本身的电荷会被传递到验电器内部的箔片上。此时，箔片就会自动分开，并分成一定的角度，而验电器就可以通过箔片张开的程度来对物体的带电量进行粗略估测。

验电器内部置有金属杆，在金属杆上方有一个突出部分，在橡皮塞下面设置两个或大于两个的箔片。常见的验电器又分为低压验电器和高压验电器两类。

低压验电器：检验电压在 1000V 以下的低压电气设备，是常见的家用电工安全工具。如图 3.3.1。

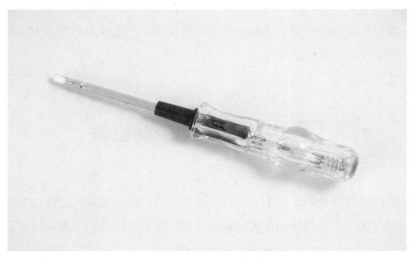

图 3.3.1　低压验电器

低压验电器的结构组成较为简单，只有工作触头、降压电阻、氖泡、弹簧等，利用验电器本身，同大地和人体形成回路，通过氖泡发光指示判断电子元件是否带有电压，如图 3.3.2。图 3.3.3、3.3.4 为低压验电器的使用姿势和方法。

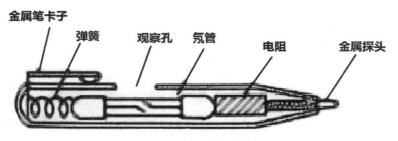

图 3.3.2　低压验电器结构

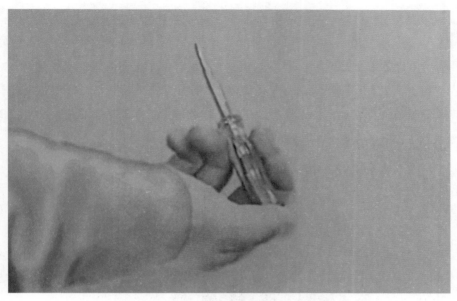

图 3.3.3　使用低压验电器的正确姿势

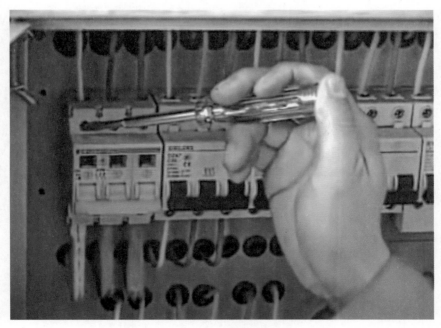

图 3.3.4　低压验电器的使用

高压验电器：是检验高压的设备，一般检测的是电压在 1000V 以上的高压，如图 3.3.5。高压验电器是由三个部分组成，分别是握手部分、绝缘部分和检测部分。握手部分和绝缘部分之间具有护环，如图 3.3.6。目前常见的高压验电器有三种，包括发光型、声光型、风车式。因为高压验电器使用标准的特殊性，所以禁止被单独使用，需要有操作人和监护人认真地执行操作监护标准，同时还要穿戴绝缘装备。如图 3.3.7，防止出现跨步电压触电等相关事故。

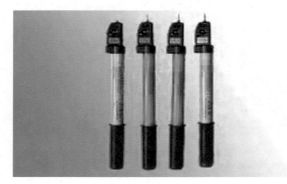

图 3.3.5　高压验电器

图 3.3.6　高压验电器的护环

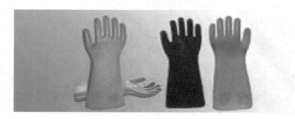

图 3.3.7　绝缘装备

图 3.3.8　高压验电器的使用

　　高压验电器的使用如图 3.3.8。对于验电器在保管和运输途中，要注意避免剧烈震动或冲击，也不能够擅自拆装对验电器进行调整，在较为恶劣的气候或者是对绝缘性能具有影响的天气下，验电器被禁止使用。对验电器应当做好日常维护，避免烈日暴晒和潮湿侵蚀等形式的损坏。

3.3.2　万用表

　　在我们需要测量各种不同的电流电压时，可以使用万用表的电工常用检测仪器，又叫多用表、复用表等。万用表的功能和量程较多，有的甚至能够测量电容量、半导体的一些参数。如图 3.3.9。

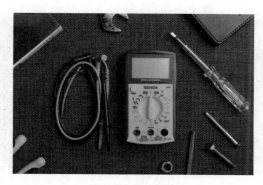

图 3.3.9　万用表

万用表主要由三个部分组成，即：表头、测量电路、转换开关。

1 表头。

表头作为万用表最重要的的组成部分，具备万用表的主要利用价值，是万用表的决定性功能，这也就要求表头需要具有较高灵敏度。通过表头的指针刻度偏转值越小，表头的灵敏度越高，在测量中所表现的效果性能就越好。

2 测量线路。

万用表的测量线路通常由电阻、半导体元件和电池三部分组成。测量线路本质上是电路的一种，作用是能够将被测量的各种电子元件或电压、电路中存在的电流通过一系列的整流、分流、分压的处理，转换成表头适用的微小电流，协助表头完成测量工作。

3 转换开关。

常见的万用表上通常会配备两个具有不同档位和量程的转换开关，其作用是根据所测量的电子元件和电压电流量的不同，选择万用表内不同的测量线路，实现对不同种类电流和量程的测量工作。

我们常见的万用表会对应电流、电压、电阻，找到合适的档位才可以测量需要的数据。在使用万用表测量电流时，需要使用两支表笔先将万用表串在电路之中，如图3.3.10。这里需要注意的是，测量较大电流时，还需要先将导线穿过钳形卡钳的孔。对于电压的测量，则需要将表笔放在需要进行测量的电势差的两端位置上，万用表会显示两点间的电压。对于电阻的测量，同电压雷同，需将两个表笔接触两点来得出结果。在使用万用表时一定谨记，测量类型要找准对应档位，否则易造成万用表的损毁。

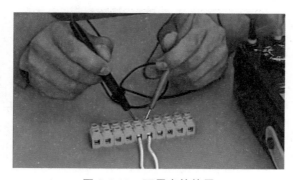

图 3.3.10　万用表的使用

3.3.3 钳形表

钳形表，又叫钳形电流表，因为外形像钳子而得名，分为电流互感器以及电流表两部分，如图 3.3.11。钳形表的好处就在于电流互感器的铁芯只需要通过手动操作就可以被张开，在测量导线是否有电流通过时，可以将导线放置于铁芯的缺口部分，而无需再对导线进行切断的操作。

图 3.3.11 钳形电流表

电流互感器：利用的基础原理是电磁感应原理，并进行测量的仪器，通常由铁芯和绕组两大部分组成，二次回路始终保持闭合，其工作状态接近短路。

使用普通的电流表需要的步骤很繁琐，普通电流表如图 3.3.12 所示。在使用时首先要将导线切断才可以接入电流表测量电路电流，这样不仅耽误效率而且对于不能停转的电动机则无法进行测量，而钳形表的出现正是为了解决该问题，使电工可以在不切断电路的情况下对电路电流进行测量。

图 3.3.12　普通电流表

　　钳形表的使用：只需要夹住一根被测导线，切勿夹住两根，否则将无法对电路电流进行测量。如图 3.3.13。使用钳形表测量时，为减小检测误差，应当使用钳形表的铁芯部分夹住导线。对较小耗电量的家电产品的测量，可先使用线路分离器将检测电流放大。以上为钳形表正常测量的使用方法。钳形表在漏电检测中，应当将两根导线全部夹住，或者也可以夹住接地设置导线进行检测；钳形表的漏电检测常被用在对低压电路的绝缘管理方面。

图 3.3.13　钳形电流表的使用

为了保证钳形表测量的准确性，应当时刻保持对钳形表的检修，保证钳形表钳口的干净无损。在测量前先对要测的电路电流量进行估计，选择适合的量程。不确定的情况下选择最大量程，再根据实际测量情况调整减小钳形表上的量程后进行测量，切忌测量过程中转换钳形表的量程。为防止触电和短路事故的发生，应当避免钳形表对裸露的导线进行电流量测定。使用完的钳形表，其量程分档应当调回最大量程的位置。

3.3.4　兆欧表

兆欧表是由大量集成电路组成的，又被称作绝缘表，能够检测出电气设备、家用电气等的绝缘电阻，及时排除电路的绝缘故障，防止触电、设备损坏等事故的发生，是电力等相关工业必不可缺的电工常用检测工具。如图 3.3.14。

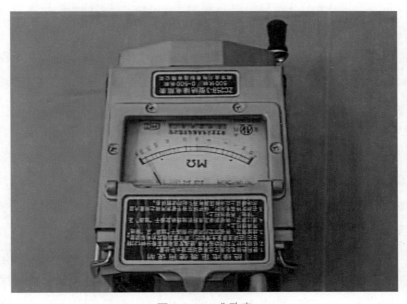

图 3.3.14　兆欧表

兆欧表相比其他的电工常用测量仪表，不仅输出功率大，而且短路电流值高，拥有四个电压等级。在使用过程中，需要用表内的电池作为电源，经过 DC/DC 地不断变换产出直流高压。在该直流高压的作用下，会有一条从 E 到 L 极的电流线路出现，再经过 I/V 变换并完成运算后就能够计算出被测物体的绝缘电阻值。

兆欧表通常使用高强度的铝合金作为外壳，表内自带电池供电，其量程可以自行转换，不需要人力协助，所以对于低绝缘电阻值的测量也并不影响测试精度。

对于兆欧表的选用：低压电气设备一般采用 0~200 量程的兆欧表；额定电压 500V 以下选用 500~1000 量程的兆欧表；额定电压 500V 以上的，则选用 1000~2500 量程的兆欧表。

兆欧表的使用方法：

第一件事就是切断电源，尤其是可能为高压电的设备。在使用兆欧表之前，必须先将被测量的电子设备的电源切断，为保证电工自身的生命安全，不能让电子设备进行带电测量的活动。

被测量的电气设备的表面应当保持干净整洁，避免污渍等物影响测量结果的正确性，并且要将兆欧表放在平稳牢固的地方进行使用，尽可能远离较大型的外电流导体和外磁场。

在使用兆欧表测量前，应当进行开路和短路的实验对兆欧表进行常规检查，观察兆欧表的指针是否处在指定位置上，若不处在指定位置则表明兆欧表出现故障，需进行检修工作。

兆欧表上的三个接线柱，即 L、E、G 三个，需要一一对应正确接线。当测量绝缘电阻时，需要用到的是 L 和 E 两个端口，只有在测量漏电较严重的绝缘电阻时，才会用到 G 端口。如图 3.3.15。

将兆欧表放置于水平位置进行摇测，在摇动期间若发现指针指零则应立即停止摇动。当兆欧表的读数完毕，还应对被测设备进行放电。

在使用兆欧表时，禁止在极端天气的情况下或者是有高压设备的附近使用测量，只能够在电子设备不带电，且并没有感应电的情况下测量绝缘电阻。在测试的过程中，被测量的电子设备上不能有人进行作业。兆欧表测量未结束且表针未停止转动时，不能直接使用肢体进行触碰，将兆欧表拆解下来时，也不能碰触引线的金属部分。为保证兆欧表测量精度，表的两根导线相互之间保持规定的距离。另外，对于兆欧表应定期进行维护和检修校验工作，以保障其精准度。

图 3.3.15　使用兆欧表测量电动机的绝缘电阻

3.4　其他工具

除一般的加工工具和方便实用的开凿工具，以及辅助测算数据的常用检测仪表外，还有登高工具、架杆工具、维修工具等电工必不可少的其他工具。而这些工具都将为电工作业带来便利，提高工作效率，更可以有效保障电工的人身安全。本节将对登高工具、架杆工具、维修工具进行详细的介绍。

3.4.1　登高工具

在进行电工作业时，总避免不了登高进行高空作业。为保证电工能够安全地进行作业，这也就要求电工需要了解这些登高工具，并能够熟练掌握各个登高工具的使用方法。我们常见的登高工具有梯子、脚踏板、脚扣，以及具有保护作用的腰带、保险绳和腰绳等。

1 梯子。

制成梯子的材料有很多，通常有木料、竹料和铝合金这三种。而随着社会生产力的发展和对电工人身安全的重视，现在电工登高作业常用的梯子多为铝合金制成，不仅更加牢固，而且使用寿命也较长。在造型上，电工登高作业中常用的梯子有直梯和人字梯两种。

直梯一般用于户外的电工登高作业中，如图 3.4.1。为了加强梯子的稳定性，在光滑的地面上使用直梯时，应当安装橡胶套，并且需要有人在地面上扶持直梯，保证直梯的稳固。需要进行升高的直梯，在固定好位置后，还应当将升降绳打绳结固定，并检查好直梯升降部位的卡扣，防止增高部分突然滑落造成工作人员的摔伤。

图 3.4.1 直梯

同直梯相反，人字梯通常用于户内的登高作业，人字梯的踢脚部位也应当安装橡皮套防止梯子打滑，如图 3.4.2。组成人字梯的两个梯子之间应当增加锁扣，防止人字梯的开合角度过大或是人字梯自动划开。人字梯的三角形梯子架构，具有更高的稳定性，电工在作业时无需有人在人字梯下方稳固梯子。但需要注意的是，在人字梯上进行作业的电工不能站在梯顶的位置，也不能采用骑马式跨越梯顶站在两端梯子上进行作业，这两种姿势都极易滑落的。

图 3.4.2　人字梯

　　不论是直梯还是人字梯，在进行作业时，都要站在距离梯子顶部 1m 之外的阶梯上，1m 的范围是保证电工人身安全的保护高度。同时，还应当注意梯子的最大承重质量，避免由于超重导致掉落等情况。当遇上恶劣天气时，应当避免户外使用直梯进行作业。使用人字梯时，禁止从一端梯子跨越到另外一端。电工的鞋子也应当保持干净清洁，禁止穿摩擦力较小的皮底鞋等，尽可能增加鞋底的抓地力，避免打滑摔落事故的发生。

　　② 脚踏板。

　　这里所说的脚踏板是电工攀登电杆或是需要进行高空作业时，所使用的由板、绳、铁钩组成的登高工具。为保证脚踏板的安全性，板的部分采用质地坚韧的木料，我国对于脚踏板具有明确的规格规定，需要为长 640mm、宽 80mm、厚 25mm，该脚踏板应当能够承受 300Kg 的重量，而且每半年需要进行安全监测，确保脚踏板能够正常进行载荷试验。电工在使用脚踏板进行高空作业前，需要先对脚踏板进行质量监测，并佩戴好安全腰带等防护工具。之后将踏板的绳子和铁钩绕挂在电线杠上，铁钩的开口处需要朝上，防止绳子松脱，一个踏板背在肩上，另一踏板需要踩在右脚下。电工利用脚踏板作为辅助工具，向上攀爬电线杆，完成高空作业。

3 脚扣。

脚扣也是攀爬电线杆的常用工具，电工常用的脚扣通常为铁脚扣，在穿戴时，需要将脚扣上的安全带栓紧，防止发生脚扣脱落的危险。在攀爬过程中，需要两手紧紧抱住电线杆，一步步踩着脚扣登高。每一步向上的步子不宜过大，在前一只移动的脚下的脚扣扣紧了电线杆之后，才可以移动另一只脚和脚扣，向上继续攀爬。在到达指定高空作业点之后，需要将两个脚扣交叉扣稳，在腰间挂好保险绳和保险带后，再行开展高空作业。

比起来脚踏板，脚扣的攀登速度更快，而且攀登也更加方便。但是在高空作业的时候，只使用了脚扣作为支撑点，工作人员容易疲惫，所以使用脚扣攀登电线杆时，不宜进行长时间的高空作业，而且脚扣的使用范围是 9m 以下的低压电线杆。

4 腰带、保险绳和腰绳。

安全腰带、保险绳和腰绳等也是电工进行高空作业时的必备登高工具。如图3.4.3。腰带、保险绳和腰绳的使用方法也较为简单，只需要将一端系在臀部上方，另外一端系在牢固的地方，如电线杆的横担上等。保险绳和腰带不应当直接系在腰间，不利于高空作业时的扭动，容易伤及腰部。

图 3.4.3　电工登高作业

电工在日常作业中，应当根据工作环境的不同，选择适当的登高工具开展高空作业，将自身的生命安全放在首位。作业前对常用的登高工具进行例行检查，并按规定合理使用登高工具，避免滑落、摔伤事故的发生。

3.4.2　架杆工具

架杆工具使用相同的圆木制成，对架杆工具的规格规定为：圆木的顶部直径应小于 8cm，根部的直径应大于 12cm，长度应在 40 到 60cm 之间。顶端有铁线制成的链环，能够将两根圆木串联起来。

电工作业中需要进行架杆的工作，免不了与架杆工具打交道，而架杆工具具有稳定性高、装置简单等优点。在提高工作效率的同时，能够减少人力物力的浪费，所以被电工广泛应用。

3.4.3　维修工具

电工作业中，免不了对各种电子元件或是常用工具进行维修工作，这就需要我们熟练使用电工维修工具。常见的电工维修工具有紧线器、试电笔和电烙铁等，通过合理使用这些维修工具，可以顺利完成对电子元件的维修、维护工作。

1　紧线器。

紧线器还有一个别名叫作"棘轮收紧器"，其作用是固定拉紧电路导线。在使用时，需要先用紧线器上的夹线钳夹住导线，然后使用专用扳手进行扳动活动。因为紧线器上面具备防逆转的作用，所以能够将导线慢慢绕在紧线器上而被收紧。

在使用紧线器时，应当选取与电路导线适当规格的紧线器，使用前应当先确保电路导线中无电流通过，防止触电事故的发生。为不影响继续使用，使用过程中应收回缠绕在紧线器上的导线，不能发生扭曲而应当理顺。对于紧线器要时常维护，加入润滑机油，防止出现紧线器棘轮脱扣的现象。在使用过程中，若是发现滑线的现象，应立即停下动作，并对紧线器进行检修工作后，才可继续使用。

零基础学电工从入门到精通

② 试电笔。

试电笔在生活中还有另外一个叫法，叫作"测电笔"，用来检测电线中是否带电。如图 3.4.4。比起验电器，试电笔的携带和使用都更加简单、便捷。电工在日常的维修工作中，总要对一些电子元件进行带电测验，通常这种测验是为了判断工作环境是否安全，并不需要得到电流、电压等详细数值，所以采用简单的试电笔即可完成测验带电的工作。试电笔的笔中有氖泡，氖泡发光说明电路电线为通路。

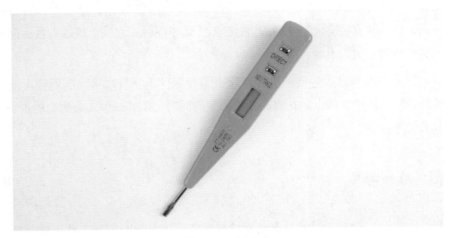

图 3.4.4　试电笔

试电笔的使用方法：用手接触试电笔的尾端，其中有一个金属部分，试电笔同人体、大地和被测物体之间形成电路回路，则氖泡发光。

按照所测量电压的不同，试电笔可以分为高压试电笔、低压试电笔和弱电试电笔三类。高压试电笔是电工常用的维修检测工具，用于 10KV 以上的高压作业项目，而低压试电笔则用于 500V 以下的电路导线测试，弱电试电笔则常用于电子产品的测试之中。

③ 电烙铁。

在进行电子设备维修的过程中，所必备的工具就是电烙铁，主要用途是高温焊接导线或电子元件等。如图 3.4.5。因为电烙铁设备的特殊性，所以使用电烙铁进行工作时具有较高的危险性，这也要求电工需要熟练掌握电烙铁这一维修工具。

图 3.4.5　电烙铁

电烙铁可以分为两种，一种是内热式，一种是外热式。内热式电烙铁的关键部件是烙铁芯，其内有电热丝的平行缠绕；外热式的电烙铁具有多种功率的规格，随着功率的增加，电烙铁的温度也会越高。由于内热式电烙铁是将烙铁芯装在了烙铁头里面，它的热效率更高，50W 的内热式电烙铁可等同于 75W 的外热式电烙铁。

因为电烙铁在使用过程中会产生高温，因此，使用电烙铁的时间不宜过长，焊接过程中可适当加入助焊剂，按照严格的焊接方法进行操作。在电烙铁焊装完毕后，应使用酒精将残余的助焊剂清洗干净，防止助焊剂碳化。对集成电路的焊接，应当进行接地的设置，或者断电使用余温焊接。最后，使用完毕的电烙铁应当放置回烙铁架上。

第4章
电工常用电子元件

电气设备中往往包含诸多的电子元件，电工要想搞清楚这些电气设备的电能运行相关，就要先认识、了解这些常用的电子元件，能够知晓这些常用电子元件的常见类型，了解这些常用电子元件的主要参数，并掌握区分这些电子元件的方法。本章节主要对电阻器、电容器、电感器、二极管、三极管等常见电子元件进行详细介绍。

4.1 电阻器

要了解电阻器，就要先知道电阻的含义，电路中阻碍电流通过的器件就叫作电阻。在电路图中，通常用英文缩写"R"来代表电阻器。电阻器往往对电路具有缓冲、负载、分压分流等保护性作用。

4.1.1 常见的电阻器类型

市面上的电阻器类型有很多，如图4.1.1为电路板上排列整齐的电阻，而常用的电阻器则有下面这四种。

图 4.1.1　电路板上排列整齐的电阻

1 碳膜电阻器。

碳膜电阻器是膜式电阻器中的一种，如图 4.1.2。碳膜电阻器的表层具有一层碳膜，使用高温技术，将碳材料依附在瓷棒外表形成附着制造而成。当然，为了防止附着的碳材料的流失，需要在电阻器的表面涂制环氧树脂形成保护性密封空间。所以碳膜电阻器的别名叫"热分解碳膜电阻器"。

图 4.1.2　碳膜电阻器

在碳膜电阻器之中，电阻器阻值的大小与碳膜的厚度息息相关，通过对碳膜厚度的控制，并在碳膜层上加槽位可以实现对电阻器阻值数值的控制。

碳膜电阻器的精度（允许偏差）通常在 2%~5% 之间，具有较高的精度，故而碳膜电阻器可以成为精密电阻器，而其阻值范围一般为 2Ω~$10M\Omega$ 之间。它还具有较长期的稳定性，电压和温度的变化对碳膜电阻器的影响都较小。同时也因为碳膜电阻器的价格低廉、性能稳定的优点而被广泛使用，曾经一度成为电气设备中使用量最大的电阻器。而且因为碳膜电阻器属于引线式电阻，安装和拆卸维修都更为简单，比起来金属膜电阻器这种引线电阻的价格也更实惠，所以现在的很多适配器、电源等也都在使用碳膜电阻器。

2 金属膜电阻器。

金属膜电阻器也属于膜式电阻器的其中一种，如图 4.1.3。金属膜电阻器是采用与碳膜电阻器同样的技术制造而成，表面也同样涂有环氧树脂形成密封保护层。相比碳膜电阻器，金属膜电阻器拥有更高的精度和更稳定的性能，同时因为结构简单轻巧，属于便于安装和拆卸的引线式电阻，所以成为了如今应用最广泛的电阻器，而且在电子行业和军事航天等方面发挥着不可替代的作用。

图 4.1.3 金属膜电阻器

　　从外表上来看，金属膜电阻器虽然与碳膜电阻器的大小、形状较为相似，但其实金属膜电阻器的表面通常有五个色环，而且金属膜电阻器的外表为蓝色，碳膜电阻器的色环数为四个，且外表为土黄色或者是其他颜色。

　　金属膜电阻器在很多方面都要强过碳膜电阻器，而且金属膜电阻器的制造工艺更为先进灵活，所以制作成本也较高，常被用在对精度和稳定性要求更高的行业中。

　　3　水泥电阻器。

　　水泥电阻器的制造工艺通常较为麻烦，如图 4.1.4。顾名思义，用水泥灌封的电阻器就被称为水泥电阻器，需要先将电阻线缠绕在无碱性的耐热瓷件上面，在之上加入耐热、耐湿和耐腐蚀的材料后，放入方形瓷器内，再加以水泥密封而成。其实这里所用到的"水泥"为耐火泥，而并非建筑业中所指的水泥。

　　水泥电阻器的功率较大，是属于线绕电阻器的一种，甚至可以用在 5W、10W 等更大功率的电气设备上，通常能够允许大量的电流经过。而水泥电阻器多用在电动机上并限制其启动电流，空调、电视机等较大功率的电器中基本都会有水泥电阻器的存在。比起来其他的电阻器，水泥电阻器的阻值要更小，而且阻值具有更高的稳定性、防爆性，可经年无变化，起到更强的保护作用。水泥材质不仅耐湿、耐热性更好，而且散热效果好，价格更低廉，水泥材质的完全绝缘特性，使水泥电阻器被大量运用在印刷电路板上。但是水泥电阻器也存在体积大、精度低的缺点。

图 4.1.4　水泥电阻器

④ 线绕电阻器。

线绕电阻器也是常用的电阻器之一，如图 4.1.5。通常是将合金线缠绕在陶瓷骨架上，再对表面添加保护漆或玻璃釉等保护涂层制造而成的一种电阻器。线绕电阻器不仅噪声小而且受温度变化影响小，稳定性也较高，虽然线绕电阻器具有高频特性差的特点，但是线绕电阻器具有极高的精度，其精度甚至可以达到 0.5%~0.05%。

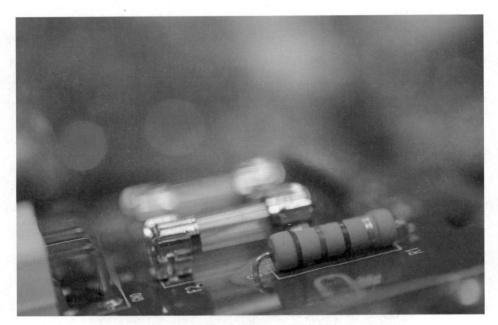

图 4.1.5　线绕电阻器

线绕电阻器可以分为固定式和可调式两种。

固定式线绕电阻器：即合金线被完全固定在线绕电阻器上，不可进行调整等活动。常见的固定式线绕电阻器有 RX24 型功率型线绕电阻器、RX12 型精密线绕电阻器。

可调式线绕电阻器：在原本的基础上安装可以移动接触引出端的卡环，通过对卡环在电阻器上的位置移动，能够完成对可调式线绕电阻器电阻值的调整，属于可变电阻器范畴。常见的可调式线绕电阻器有被釉线线绕电阻器、涂漆线绕电阻器。

线绕电阻器的精度更高，且具备一定的稳定性，所以在仪器仪表等电路中，会经常使用到线绕电阻器，或者是在电源电路中起到限流电阻的作用。但是需要注意的一点是，线绕电阻器的电感较大，不能在高频电路中使用线绕电阻器，否则会对电路电流造成干扰。

4.1.2 电阻的主要参数

常见的电阻有允许偏差、电阻值、额定功率这三种参数，如图 4.1.6。对于电阻值的表示，则直接使用单位符号和阿拉伯数字在电阻体上标出。对于允许偏差则采用文字符号法，即同时使用阿拉伯数字和文字符号进行有规律的组合。除此之外，经常用到的还有色标法，即采用不同颜色的色环将标称阻值和偏差标在电阻器上的可见处。

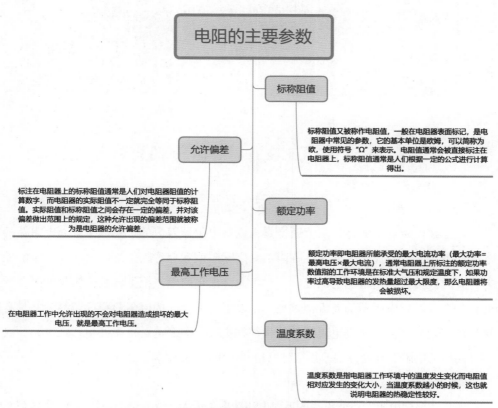

图 4.1.6 电阻的主要参数

1 标称阻值。

标称阻值又被称作电阻值，一般在电阻器表面标记，是电阻器中常见的参数，它的基本单位是欧姆，可以简称为欧，使用符号"Ω"来表示。电阻值通常会被直接标注在电阻器上，标称阻值通常是人们根据一定的公式进行计算得出。常规的电阻器的电阻值与导体长度、横截面积和导体材料以及温度有较大的关系，大多数电阻器的电阻值会随着温度的升高而升高。标称值是按照国家规定的标准进行标注，并不是任意对电阻器进行标称阻值的标定。表 4.1.1 所示为标称阻值系列表。

表 4.1.1　标称阻值系列表

允许误差	系列代号	标称阻值系列
5%	E24	1.0、1.1、1.2、1.3、1.5、1.6、1.8、2.0、2.2、2.4、2.7、3.0、3.3、3.6、3.9、4.3、4.7、5.1、5.6、6.2、6.8、7.5、8.2、9.1
10%	E12	1.0、1.2、1.5、1.8、2.2、3.3、3.9、4.7、5.6、6.8、8.2
20%	E6	1.0、1.5、2.2、3.3、4.7、6.8

2 允许偏差。

标注在电阻器上的标称阻值通常是人们对电阻器阻值的计算数字，而电阻器的实际阻值不一定就完全等同于标称阻值。实际阻值和标称阻值之间会存在一定的偏差，并对该偏差做出范围上的规定，这种允许出现的偏差范围就被称为是电阻器的允许偏差。所以电阻器的允许偏差越小，电阻器上标注的电阻值精度越高，并具有更好的稳定性。但是这类电阻器的价格往往更高，需要消耗更多的生产成本，而这些高品质的电阻器其允许偏差甚至可以达到 ±1%、±0.5%。

3 额定功率。

额定功率即电阻器所能承受的最大电流功率（最大功率＝最高电压 × 最大电流），通常电阻器上所标注的额定功率数值指的工作环境是在标准大气压和规定温度下。如果功率过高导致电阻器的发热量超过最大限度，那么电阻器将会被损坏。额定功率常用英文简写字母 "P" 来表示，电阻器中常见的额定功率有 1/8W、5W、10W 等。

当然，除了上述提到的电阻的三个主要参数之外，电阻器还具有最高工作电压、温度系数等参数。最高工作电压指的是在电阻器工作中允许出现的不会对电阻器造成损坏的最大电压，温度系数是指电阻器工作环境中的温度发生变化而电阻值相对应发生的变化大小。当温度系数越小的时候，这也就说明电阻器的热稳定性较好。在电阻器的工作中，需要充分考虑并严格按照电阻的主要参数运行电阻器，才能保证电阻器长期安全的工作，否则易发生电阻器烧毁、电气火灾等事故。

4.1.3　电阻符号的涵义

在电阻器中，常常会见到 R、G、ρ 等符号，这些都是电阻有关符号，在电阻器元件上较为常见，需要电工掌握相关的电阻符号及其涵义。

电阻是物理学中表示导体对电流阻碍作用的大小的一个物理量，而电阻的英文全写为 Resistance，故而常用大写字母 "R" 来表示电阻。电子导体的电阻越大，则该导体对电流具有越大的阻碍作用，电阻是导体本身的一种特性，但是不同材质的导体具有不同电阻值。国际将电阻的单位规定为 "Ω"，有时候计算较大电阻值时也可以使用 "kΩ" 和 "MΩ" 做单位。

电阻值的表现形式为通过导体的电流量与导体两端电压的比值，所以电阻公式为 $R=U/I$。

通常将电阻的倒数称为电导。电导用大写字母 "G" 来表示，电导 $G=1/R$。电导在物理学上也被用来描述导体导电性能。电导的国际规定单位为西门子，英文字母表示为 "S"，可以简称为 "西"。

"ρ" 是电阻的比例系数，又叫电阻率。ρ 的大小由电子导体的材料和工作环境的温度共同决定，国际规定电阻率的单位是 S/m（即西 / 米）。这是因为电阻率作为物质的特性，是用来描述导体导电性能的参数。假设导体为材料制成的均匀柱形物件，那么电阻与导体的横截面积成反比，而与同导体的长度成正比。

此外，电导率与温度有很大的相关性，电子导体的温度影响着电导率，并呈正相关，这个相关性可以表达为电导率对上温度线图的斜率。温度对电导率的影响依据溶液的不同而不同，可以用下面的公式表达，见图 4.1.7 电导率温度影响公式。其中，Gt 为某一温度下的电导率，Gtcal 为标准温度下的电导率，Tcal 为温度修正值，α 为标准温度下溶液的温度系数。

$$G_t = G_{tcal}\{1+a(T-T_{cal})\}$$

图 4.1.7　电导率温度影响公式

电阻率的倒数叫电导率，也可以称为导电率。导电率指的是带电物质中电荷的流动程度，符号为"σ"，$σ=1/ρ$。电导率同电阻率一样，都是描述导体导电性能的参数，国际规定电导率的计算单位同电阻率，为 S/m，即西门子每米。

掌握这些相关的电阻符号的涵义，有助于电工解读电阻器上的注释，并由此判断该电阻器的性能效果，对选取电阻器与电气设备进行适配，对电路顺利开展工作具有重要意义。

4.1.4　区分电阻器的方法

不同的行业，和不同的电气设备以及使用目的和功能的不同，电工都应当选取不同的电阻器来进行作业。而大多数电阻器的外观相似，极易出现混拿和拿错的现象，这就要求电工需要掌握一些区分电阻器的方法。下面就将带来一些实际有效的电阻器区分方法。

碳膜电阻器是最容易与金属膜电阻器搞混的电阻器，二者虽然都是连线电阻，但是用途和使用行业以及造价成本却是天差地别。从颜色上来区分两种电阻，碳膜电阻器的外表多为土黄色或其他颜色，其上有四个色环，而金属膜电阻器为蓝色，上面会有五个色环。近些年来，随着工艺地不断发展和假金属膜电阻器的出现，这种靠颜色分辨两种电阻的办法已经不再实用。

那么，怎样更加有效地区分碳膜电阻器与金属膜电阻器呢？一是使用刀片刮开电阻表层的环氧树脂保护部分，再小心地刮掉保护漆，去观察被刮开的地方的膜的颜色，黑褐色的为碳膜电阻器，而亮白色为金属膜电阻。二是利用两种电阻器温度系数不同的特性来区分，而金属膜电阻器的温度系数比碳膜电阻器的温度系数小很多，使用万用表测量两种电阻器在不同温度下的电阻值。电阻值在不同温度下变化大的为碳膜电阻器，反之则就为金属膜电阻器。

　　除了上述的几种对电阻器的识别方法之外，还有色环识别法能够识别出品质更好的精密电阻。精密电阻如金属膜电阻器，通常为五环电阻。不同颜色的色环所代表的数字也不同，国际规定 1–棕，2–红，3–橙，4–黄，5–绿，6–蓝，7–紫，8–灰，9–白，0–黑，而金银二色则代表了误差。精度较高的五色环电阻的第一条色环通常表示电阻值的第一位数字，第二条色环代表电阻值第二位数字，第三条色环代表电阻值的第三位数字，而第四条色环代表了阻值乘数 10 的幂数，第五条色环代表

　　误差，高精度电阻器的第五条色环通常为棕色，代表 1% 的误差。如表 4.1.2 所示为色环数值表。

表 4.1.2　色环数值表

色别	第一色环最大一位数字	第二色环第二位数字	第三色环应乘的数	第四色环误差
棕	1	1	10	—
红	2	2	100	—
橙	3	3	1000	—
黄	4	4	10000	—
绿	5	5	100000	—
蓝	6	6	1000000	—
紫	7	7	10000000	—

续表

色别	第一色环最大一位数字	第二色环第二位数字	第三色环应乘的数	第四色环误差
灰	8	8	100000000	—
白	9	9	1000000000	—
黑	0	0	1	—
金	—	—	0.1	±5%
银	—	—	0.01	±10%
无色	—	—	—	±20%

4.1.5 特殊电阻的介绍

在电路中，除了常见的碳膜电阻器、金属膜电阻器、水泥电阻器和线绕电阻器外，因为使用目的和使用方式的不同，还有一些其他特殊的电阻器。而这些特殊电阻器也被常用于电路之中，例如保险电阻器、热敏电阻器等。

１ 保险电阻器。

保险电阻器也就是熔断电阻器，拥有电阻器和保险丝两种作用。在电路正常工作的情况下，保险电阻器履行的是电阻的功能。而当电路发生异常，产生大量的电流时，为保护电路和电气设备，保险电阻器可以熔断其上的保险丝，形成保护的机制。

保险电阻器也分为可修复和不可修复两种类型。

可修复型：当电路发生异常，流过大量电流时，保险电阻器会开启自动保护机制，切断电路的流通，对电路形成保护，后期检修时只需要将保险电阻器上的线路回归原位便可继续使用。

不可修复型：当电路发生异常，流过大量电流时，保险电阻器上的保险丝会因为电流流经时的高温而直接被融化，保险电阻器因此被损坏并且不可修复使用。

　　保险电阻通常用符号"F"来表示，该种电阻的阻值较小，最主要的作用是保护电路，主要应用在电源电路输出和二次电源电路输出上，尤其是容易短路的电路中，更需要配置保险电阻器，提高电路的安全性。

　　2　热敏电阻器。

　　热敏电阻器是通过温度的不同来实现对电阻值的控制，在工作环境中不同的温度下会表现出不同的电阻值，属于敏感元件类。

　　常见的热敏电阻器可分为正温度和负温度系数热敏电阻器两种类型。正温度系数热敏电阻器在温度持续升高时，电阻值也会随着温度的升高而增加，负温度系数热敏电阻器则相反，温度升高而电阻值降低。所以热敏电阻器对温度具有较高的灵敏度，同时体积小、易加工，可以批量生产。

　　热敏电阻器最大的特点是温度可以影响电阻值，其电阻值可以在 $0.1{\sim}100\mathrm{k}\Omega$ 之间随意选择。所以，当电路出现故障而通过大量电流的时候，由于功率过大而电阻器发热，热敏电阻的电阻值会瞬间暴增，对电流产生阻碍作用，使电路中的电流通过量恢复正常，进而对电气设备起到保护的作用。

　　3　排电阻。

　　排电阻别名集成电阻，是将多个电阻器集成一体的电阻元件。

　　当单个电阻器无法满足电路对电阻的需求时，可以将需要用到的电阻排列在一起，形成排电阻进行使用。排电阻的测量方法较为简单，对已知的具有排列顺序的排电阻，使用一支表笔接公共引脚，另一支表笔依次测量排电阻中的电阻器即可。排电阻不仅体积小，而且安装和使用都更为方便，常被用在对电阻值有更高需求的电路中。

4.2　电容器

　　电容器是电路的基本元件之一，在电力系统中主要作用于补偿功率。除此之外，电容器还能够在电路中起到调谐和隔直的作用，机械加工中也能够经常看到使用电容器来进行电火花的加工。那么，电容器作为电工领域中应用广泛的电子元件，需要电工知道常见电容器的类型，了解并识读电容的主要参数，知道电容符号的涵义，掌握区分电容器的方法，并认识几个常用的特殊电容。

4.2.1 常见的电容器类型

物理学上认为电流的传导速度接近于光速，然而在日常生活中却经常出现关闭电源之后，电气设备并不是立即停止工作，而是逐渐停下来，这种现象便与现在所提到的电容器有关。理论上来讲，任何两个相互靠近的导体，如果在这两个导体之间添加了隔开它们的绝缘介质，那么就称它们构成了电容器，如图4.2.1。在晶体管收音机和彩色电视机的电路中常常用到电容器，而随着时代科技生产力的发展，笔记本电脑、数码相机等设备的大量生产，也带动了电容器需求量的持续增长。

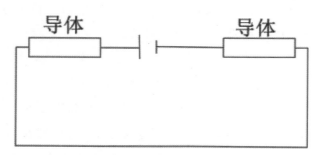

图 4.2.1 电容器简化结构

电容器中有两个被称为极板的导体。这两个导体是因为被绝缘物体隔开而组成了电容器，在两个极板之间加上电压后，电容器就能够储存电荷，这也是电容器最基本的特性。除此之外，在电路中，因为电容器只允许交流电通过而不许直流电通过，所以电容器也具有通交流、隔直流的作用。

通常，电容器拥有固定式和可变式两类。如图4.2.2。固定式电容器顾名思义是因为电容量被固定而不能够进行调节；可变式电容器的电容量可以根据需求进行调整变化。

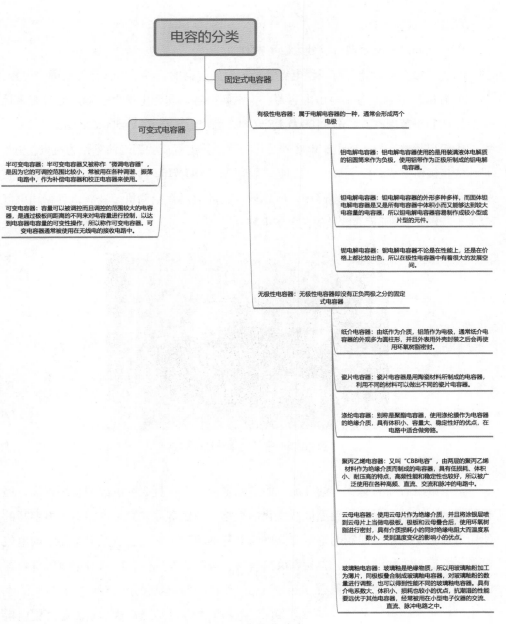

图 4.2.2　电容的分类

① 固定式电容器。

常见的固定式电容器可以分为以下两种：

（1）有极性电容器。有极性电容器是电解电容器的一种，通常会形成两个电极，常见的有极性电容器有铝电解电容器、钽电解电容器和铌电解电容器。通常有极性电容器的容量范围在 0.47μF~10000μF 之间，额定电压在 6.3V~500V 之间。

①铝电解电容器：铝电解电容器是用装满液体电解质的铝圆筒来作为负极，用铝带作为正极所制成。铝电解电容器具有性能好、适用范围广、可靠性高等优点，并且铝电解电容器适用于低频电路中，所以被广泛的应用在空调机、洗衣机等家用电气设备上。图 4.2.3 所示为常见的铝电解电容器。

图 4.2.3　常见的铝电解电容器

铝电解电容器有着优秀的性能，而且成本低，而一直成为电源的常用选择，但是铝电解电容器容易受到温度极端变化的影响，使用寿命较短。当铝电解电容器的使用寿命到了期限，即铝电解电容器中的电解液蒸发消失，会改变电容器中的电气属性，进而出现剧烈反应，容易释放出易燃、腐蚀性的气体，所以对铝电解电容器的使用不能只考虑成本的低廉，更要根据工作环境确定其使用过程中是否安全。在使用过程中制定合适的额定电压，实现铝电解电容器的最低温度运行，延长铝电解电容器的使用寿命。

②钽电解电容器：钽电解电容器的外形多种多样，而固体钽电解电容器是所有电容器中体积小而又能够达到较大电容量的电容器，所以钽电解电容器容易制作成

较小型或片型的元件。在现代电子技术向自动化和小型化发展的今天，钽电解电容器发挥了极大的作用。但是钽原料较为稀缺，所以钽电解电容器的价格昂贵，也只有军事通讯和航天等重要的高等领域才实现了广泛的使用。

钽电解电容器的主要优点是电性优良，温度系数小，不被温度所影响。最大的优点是钽电解电容器能够小型化，占用空间小。在电源滤波、交流旁路中，钽电解电容器也具有较大的优势，钽电解电容器能够轻松获得较大的电容量，而且相比铝电解电容器，钽电解电容器是一种使用寿命较长的电子元件。

③铌电解电容器：铌电解电容器不论是在性能上，还是在价格上都比较出色，所以在极性电容器中有着很大的发展空间。

铌电解电容器有一个问题是容易造成电流增大的情况，但是铌电解电容器的电容量变化较为稳定，这一点优于铝电解电容器，也就导致在温度变化较大的工作环境下，人们更偏向于选择铌电解电容器。铌电解电容器的价格低，而且性能稳定，可以在部分领域内替代造价昂贵的钽电解电容器，所以目前铌电解电容器已经进入了高比容电容器市场，而且铌电解电容器温度系数小，更不容易发生火灾，能够提高电路的安全性。

（2）无极性电容器。无极性电容器即没有正负两极之分的固定式电容器。常见的无极性电容器有纸介电容器、瓷片电容器、涤纶电容器、聚丙乙烯电容器、云母电容器和玻璃釉电容器等。

①纸介电容器：由纸作为介质，铝箔作为电极，通常纸介电容器的外观多为圆柱形，并且外表用外壳封装之后会再使用环氧树脂密封。纸介电容器是较为古老的电容器，因具有成本低的优点而被广泛使用，主要用在低频率的电路中，但是纸介电容器具有损耗较大的缺点，目前市面上已经很少见纸介电容器了。

纸介电容器有以下两种形式：第一个是有感式，第二个是无感式。有感式的电容器芯的电感较大，而无感式的电容器芯电感较小，可以在较高频率下使用。总体上来看，纸介电容器的热稳定性较差，电容量的稳定性也不高，如果放在温度较低的工作环境中，纸介电容器又容易吸潮，所以需要纸介电容器拥有较好的密封条件。

②瓷片电容器：瓷片电容器是用陶瓷材料所制成的电容器，利用不同的材料可以做出不同的瓷片电容器。

瓷片电容器的外形多为片式，当然也有管形和圆形的。瓷片电容器在陶瓷基体两面形成金属层，并在金属层上焊接引线制成，而这些起到绝缘介质作用的陶瓷材料又被称作"瓷介"。与其他电容器相比，瓷介不仅原料丰富，而且生产成本低易于大量生产，甚至使用瓷介还可以制造非线性电容器。随着工业技术的快速发展，以及电子工业的现代化发展，人们迫切要求开发损耗小、体积小且更具可靠性的高压陶瓷电容器，目前研制成功的高压陶瓷电容器被广泛应用在各种高端的现代化电路之中。

③涤纶电容器：还有一个别称是聚酯电容器，使用涤纶膜作为电容器的绝缘介质，具有体积小、容量大、稳定性好的优点，在电路中适合做旁路。

涤纶电容器经常被使用在各种电路中，外层使用环氧树脂密封，对于温度具有较好的隔绝性，相比电解电容器和瓷片电容器，涤纶电容器的精度更高的同时，损耗也更小，能更好地适应各种工作环境，不过涤纶电容器的生产成本也更高。

④聚丙乙烯电容器：又叫"CBB电容"，是由两层聚丙乙烯材料做为绝缘介质而制成的电容器。聚丙乙烯电容器具有低损耗、体积小、耐压高的特点，高频性能和稳定性也较好，所以被广泛使用在各种高频、直流、交流和脉冲的电路中，特别是大屏幕显示器的电路设计中，聚丙乙烯电容器都必不可少。

⑤云母电容器：使用云母片作为绝缘介质，并且将涂银层喷到云母片上当做电极板。极板和云母叠合后，使用环氧树脂进行密封，具有介质损耗小的同时绝缘电阻大而温度系数小，受到温度变化的影响小的优点。云母电容器经常被用在高频电路中，而云母电容也是高频电容器之一。

⑥玻璃釉电容器：因为玻璃釉是绝缘物质，所以是用玻璃釉粉加工为薄片，同极板叠合制成玻璃釉电容器，而对玻璃釉粉的数量进行调整，也可以得到性能不同的玻璃釉电容器。该种电容器具有介电系数大、体积小、损耗也较小的优点，而且抗潮湿的性能要远优于其他电容器，经常被用在小型电子仪器的交流、直流、脉冲电路之中。

2 可变式电容器。

可变式电容器的电容量可以根据工作电路的需求进行调整，具有较大的便利性和使用空间。而可变式电容器又分为半可变电容器和可变电容器。

（1）半可变电容器。半可变电容器又被称作"微调电容器"，是因为它的可调控范围比较小。半可变电容器常常被用在各种调谐、振荡电路之中，作为补偿电容器和校正电容器来被使用。

（2）可变电容器：容量可以被调控而且调控的范围较大的电容器，是通过极板间距离的不同来对电容量进行控制，以达到电容器电容量的可变性操作，所以称作可变电容器。可变电容器通常被使用在无线电的接收电路中。

4.2.2　电容的主要参数

电容器简称"电容"，和电阻器有很多相似之处。作为储存电荷的容器，电容器也具有诸多的参数，电工在选用电容器的时候会涉及到很多问题，这就要求电工了解电容的主要参数，并能够根据电容器上的参数标识来选取合适的电容器进行作业。电容器的主要参数有电容量、额定电压、绝缘电阻、允许误差、电容器的损耗、频率特性、温度系数等，如图 4.2.4。下面我们将详细介绍。

1 电容量。

电容量，又被叫做"标称电容量"。因为它是一个用来存储电荷的物体，对于能够储存的电荷容量大小的问题，国际规定就用电容量来表示。电容器的工作机制是在被施加电压的作用下才能够开始储存电荷，所以不同的电压数值导致电容器中所储存的电压量也不同。为了方便电容器上电容量的标识，国际统一规定，当电容器被施加 1V 的直流电压时所能够储存的电荷总值，就是该电容器的电容量数值。也就是说，电容量的大小代表了电容器储存电荷的能力大小。

2 耐压。

电容器的耐压需要从额定直流工作电压、试验电压、交流工作电压这三方面来表示。

（1）额定直流工作电压：电容器长期运行的工作环境下所能够接受并且不对电容器本身造成损害的最高工作电压，通常电容器外壳标注的电压指的就是额定直流工作电压。而超过电容器的额定直流工作电压数值，则会造成电容器的绝缘介质被击穿，两个极板之间发生短路的后果，所以电工在作业中需要严格检查加持在电容器两端的电压，切勿超过电容器的额定直流工作电压的数值。

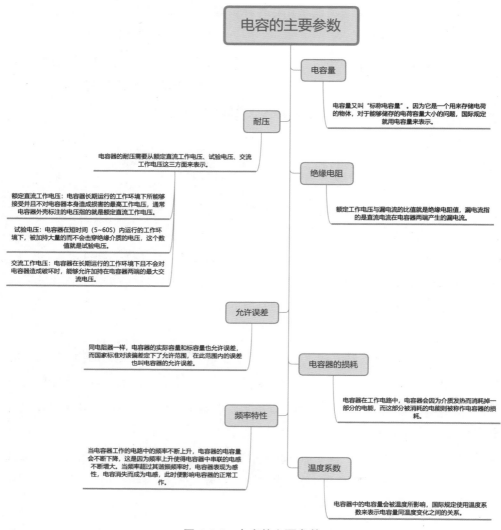

图 4.2.4　电容的主要参数

（2）试验电压：电容器在短时间（5~60S）内运行的工作环境下，被加持大量的而不会击穿绝缘介质的电压，这个数值就是试验电压。试验电压的数值通常比额定直流工作电压的数值高 1 倍左右，试验电压的存在是对电容器的保护机制。在电路发生异常，电压升高的时候，试验电压能够保证电容器短时间内不会被破坏，能够让工作人员快速做出反应并切断电源而避免电容器的损坏。需要说明的是，电解电容器没有试验电压。

（3）交流工作电压：电容器在长期运行的工作环境下且不会对电容器造成破坏时，能够允许加持在电容器两端的最大交流电压。对于长期工作在电压为交流状态下的电容器通常会对交流工作电压的数值有规定要求。

3　绝缘电阻。

额定工作电压与漏电流的比值就是绝缘电阻值，漏电流指的是直流电流在电容器两端产生的漏电流。电容器会出现漏电电流，这是因为电容器的两个极板上，所用到的绝缘介质并不能够起到绝对绝缘的效果。当直流电压加持在电容器的两端时，会有微量的电流通过绝缘层流出，这就是电容器产生的漏电电流，而漏电电流的大小与绝缘层的电阻值有关。绝缘层的电阻值越大，漏电电流的数值越小，就代表这个电容器越好。

4　允许误差。

同电阻器一样，电容器的实际容量和标容量也允许误差，而国家标准对该偏差定下了允许范围，在此范围内的误差也叫电容器的允许误差。按照精度对电容器的允许误差进行划分：00 级为 ±1%，0 级为 ±2%，Ⅰ级为 ±5%，Ⅱ级为 ±10%，Ⅲ级为 ±20%。

5　电容器的损耗。

电容器在工作电路中，电容器会因为介质发热而消耗掉一部分的电能，而这部分被消耗的电能则被称作电容器的损耗。电容器的损耗大小与介质、电导、电阻等多种因素有关，而且随着温度的升高，电容器的损耗会随之加大，当温度达到一定临界点，会对电容器造成烧坏的严重后果。在高压和高频的电路中，为避免烧坏电容器，电工应当选取介质发热时产生低消耗的电容器。

6　频率特性。

当电容器工作的电路中的频率不断上升，电容器的电容量会不断下降，这是因为频率上升使得电容器中串联的电感不断增大。当频率超过其谐振频率时，电容器表现为感性，电容消失而成为电感，此时便影响电容器的正常工作。所以电容器的频率特性要求避免电容器在谐振频率以上的环境中进行工作，而不同的电容器对于最高工作频率的数值标定也不同。

7 温度系数。

电容器中的电容量会被温度所影响，国际规定使用温度系数来表示电容量同温度变化之间的关系，并且规定温度系数的数值表示为：温度每变化 1 摄氏度时，电容量发生改变的数值与原本电容量数值之间的比值。

电容器的种类繁多，而且性能指标各异，所以选择合适的电容器对电路设计是非常重要的。电工在考虑电容器体积、质量、成本的情况下，还应当根据不同的电容器上标注的参数来选择最合适的电容器，实现电路的合理设计。

4.2.3 电容符号的涵义

电容器中电容量的基本单元是法拉，用大写字母"F"来表示，但是在电路图中用来表示电容器的符号是大写字母"C"。表示电容器储存电荷的公式为 $C=Q/U$，这是因为电容器中的电容量数字表示为一个极板上的电荷量与两个极板之间电压的比值。

法拉的单位换算进率为 1000，即 1F=1000mF；1mF=1000μF；1μF=1000nF；1nF=1000pF。

在实际生活中，法拉是一个不常用的单位。通常，电容器的容量都要远远小于 1 法拉。

4.2.4 区分电容器的方法

不同的电容器其功效和成本造价也是不尽相同的，这就要求我们要根据工作环境和各种综合因素来考虑对电容器的选取。那么要想选取正确的电容器，还需要我们掌握区分电容器的方法，下面将介绍几个区分电容器的方法，以及选择电容器时应该注意的事项。

（1）色标区分法：其实就是用不同的颜色标注电容器，来区分不同的电容，表示该电容器的电容量等相关信息。电容器的色环颜色代表的数字同电阻器相同，通常电容器的前两个色环表示有效数字，第三个色环表示倍率，倍率的单位为"pF"，第四个色环则代表了允许误差。

（2）形状区分法：（2）有极性电容器的外观大多为圆形，方形较少使用。而无极性电容器的形状千奇百怪，如管型、长方形、组合方形等。相比其他电容器，有极性电容器有正负两极的区分。

通过上述方式可以进一步区分电容，在选择电容时还需要注意以下事项：（1）直流电压不能等于电容器工作环境中加持在两端的电压值，而应该高出实际工作电压值 1~2 倍，这是为了保证电容器能够安全地工作。需要注意的是，电解电容器在选择时，其实际加持在电容器两端的电压应当为额定直流工作电压的 50%~70% 左右，只有满足这个条件下，电解电容器才能够正常工作。（2）精度越高的电容器，其制造成本也越高，在选取电容器时，应当根据工作环境的要求选择精度合适的电容器，不应该盲目追求电容器的精度等级而加大了电路制造成本。（3）因为绝缘介质材料的不同，电容器的体积大小也会发生变化，单位体积与电容量的比值被称为电容器的比率电容。通常情况下，比率电容的数值越大也就代表了电容器体积相对的较小，该电容器的价格也越贵，考虑到成本的因素，应当选取在满足了电容量数值要求的情况下，允许安装的最大体积的电容器。

4.2.5　特殊电容的介绍

除了常见的固定式电容器和可变式电容器外，因为制作工艺和用法的特殊，还有一些特殊的电容，比如安规电容器、超级电容器和独石电容器。

1 安规电容器。

在电容器失效后，还有一种不会产生电击也不会对人体造成危害，安全性更高的安规电容器。安规电容器通常在抗干扰电路中履行滤波的作用，多用于电源入口的位置上。

安规电容器有两个型号，一个是 x 型一个是 y 型。x 电容的电容量比 y 电容的电容量数值要大，这就要求 x 电容需要两端并联一个安全电阻上，这是因为 x 电容器在长时间的充放电过程中容易导致电源线的插头带电，而拔插电源线时会对人体造成电击的伤害。所以 x 电容器的连接位置较为重要，必须在符合相关安全标准的情况下对 x 电容器进行安装。相关安全标准规定：工作中的电气设备的电源线被拔掉时，电源线插头两端带电的电压需要在两秒钟内小于原来额定工作电压的 30%。

y 型的电容量相比 x 型的电容量并不太高，所以能够减少漏电的电流对系统的影响。y 电容器在电气和机械性能方面也较其他电容器拥有更好的安全性，这是为了避免在极端天气下出现短路击穿电容器极板的现象。因为 y 电容用途作用的特殊性，所以对 y 电容有更高的要求，生产出的合格 y 电容必须取得安全监测机构的认证方可进行使用。

2 超级电容器。

既是传统电容器又是充电电池，这种新型的装置叫作超级电容器，具备电容器快速充放电的特性，同时又可以像电池一样储存电能。

超级电容器比传统电容器和电池都有更高的功率，因为超级电容器的特性变化非常小，所以其使用寿命和循环寿命都长于一般的电容器和电池。而且在低温状态下的超级电容器的电容量变化要比蓄电池小很多，这是因为超级电容器具有较宽的工作温限，这个限度在 –40 ~ +80℃之间。

理论上来讲，超级电容器具有较强的充放电承受能力，可以稳定反复实现充电、放电的循环，可以真正做到免维护检修。超级电容器是随着社会生产力出现的新型电子元件，在生产过程中没有添加重金属和有害的化学物质，是一种新型的绿色环保电源。

在使用超级电容器之前，应当先检查超级电容器的极性，避免因为使用操作不当而对超级电容器造成损毁。超级电容器也具有标称电压，应在超级电容器标注的标称电压范围内使用，否则超过标称电压将会导致超级电容器电解液的分解而影响使用寿命。尽量避免超级电容器在持续高温、潮湿的环境中工作，延长超级电容器的使用寿命。

3 独石电容器。

独石电容器的另一个名字是多层陶瓷电容器，经常出现在各种电子精密仪器中，具有温度特性好和频率特性好的优点。随着电流频率的上升，大部分电容器的电容量都会随之减少，而独石电容器电容量的减少量较少，电容量较稳定。

独石电容器并不是一个导通体，在电路中可以与其他电子元件一同被并联。除此之外，因为独石电容器具有体积小、比容大、寿命长、可靠性高，以及可以安装在表面上的优点，所以独石电容器可以替代某些钽电解电容器出现在小型和超小型的电子设备中。

4.3　电感器

电感器的结构同变压器极为相似，但是相比电压器，电感器只拥有一个绕组，而且功能也与电压器不同。电感器是可以将电转化为磁，并且将转化后的磁能存储起来的电子元件。因为电感器上存在诸多的电感，所以能够阻碍电流的变化，又被称作电抗器或扼流器。

接通电路之后，在没有电流的状态下电感器就可以阻碍电流通过；在电感器有电流通过的状态下，断开电路，电感器对电流起维持不变的作用。需要注意的一点是，电感器上的绕组在电流通过之后可能出现形成电磁场的情况，这就要求电工在对电路上的电子元件位置摆放时，保持相邻两个电感器之间的一定距离，或者将电感器上的绕线组形成直角，避免电感器之间的相互感应。

电感器在特性上正好与电容器相反，电容器具有阻直流、通交流的作用，而电感器则反过来，阻交流、通直流，而且电路的频率越高，电感器的绕组阻抗性就越大。在电路中，人们通常让电感器和电容器一起工作，形成 LC 滤波器和 LC 振荡器等。

电感器的组成部分一般有：骨架、绕组、磁心与磁棒等。

（1）骨架：泛指制作线圈的支架，通常采用塑料、胶木、陶瓷等材料制作，根据电路设计的不同可调整形状。其中，小型电感器和空心电感器并不需要骨架。

（2）绕组：是电感器的基本组成部分，有单层、多层的区分，表现为一组线圈，是实现电感器功能的重要部分。

（3）磁心与磁棒：通常被包裹在绕组的内部，有工字型和帽型等多种形状。

在对电感器进行了简单的了解之后，下面将对常见的电容器类型、电感器的线圈、电感器的主要参数、电感器符号的涵义以及电感的表示方法做详细介绍。

4.3.1 常见的电感器类型

自感器和互感器是电感器的两个分类。自感器的工作原理是：在有电流通过的时候在线圈附近就会产生磁场，线圈附近的磁场是随着电流的变化而变化的，而这种变化着的磁场能够让电感器产生电动势，这就是自感器的原理。而互感器则是指两个电感器在相互靠近的时候，其中一个电感器的磁场发生变化，进而引起了另一个电感器也随之发生变化，这种相互影响的过程就形成了互感器的原理。

生活中常见的电感器种类有三种，分别是：小型电感器、可调电感器和阻流电感器。

1 小型电感器。

小型电感器通常被固定在电路上，直接使用漆包线在磁心与磁棒上缠绕而制成，适用于较小体积的电子元件的电路之中。

2 可调电感器。

作为常见的电感器种类，可调电感器拥有诸多种类的线圈，例如振荡线圈、行线性线圈、频率补偿线圈、阻波线圈，不同的线圈具有不同的作用效果，使用在不同电气设备上，例如半导体收音机使用振荡线圈，阻波线圈则经常出现在音响设备上。

通常情况下，改变电感大小有两种方法，而这也是可调电感器来源的基本原理：一是采用带螺纹的软磁铁氧体，改变磁心与磁棒在绕组中的位置；二是使用可以滑动的开关，通过对电感器线圈数量的改变，来实现对电感器中电感量的改变。

3 阻流电感器。

阻流电感器的工作原理是使用电磁感应，是能够在电路中阻塞交流电流通过的电感线圈。通常，在音频电路中的阻流线圈叫作音频阻流圈；在场输出电路中的阻流线圈叫作场阻流圈。阻拦电感器一般采用 E 型的磁心与磁棒，使用 E 型的磁心与磁棒可以在安装时留有适当空隙，以防止通过较大直流电流而引起磁饱和。

高频阻流线圈和低频阻流线圈是阻流电感器的两个分类。高频阻流线圈的主要作用是阻止高频交流电流通过，常常出现在高频电路中，使用空心或铁氧体高频磁心与磁棒，骨架多采用陶瓷材料，线圈使用多层平绕分段绕制。低频阻流线圈的主要作用是阻止低频交流电流通过，经常被应用在电流电路、音频电路或场输出电路中。

4.3.2　电感器的线圈

电感器上所缠绕的线圈是决定电感器性能的关键，这就要求电工需要对电感器上的线圈有更深入地了解，掌握电感线圈的选择技巧和电感线圈的测量方法，坏掉的电感器的线圈要知道怎么替换。选择、测量及替换电感线圈的主要内容如图 4.3.1 所示。下面将对以上内容进行详细介绍。

1 电感线圈的选择。

选择电感线圈的时候，应当遵循以下的原则。

（1）工作频率适合原则：即电感线圈的工作频率要适合所选择的电路，在低频电路中使用低频电感器线圈，在高频电路中使用高频电感器线圈。此外，应当根据电路性能的不同，选取不同材质制成的电感器线圈。比如在音频电路中，应当选取硅钢片或者是坡莫合金材料来作为磁心与磁棒。在频率超过 100MHz 的较高频率电路中，则应当采用空心线圈作为电感器线圈。

（2）电感量、额定电流的满足原则：电感器所选取的线圈其电感量和额定电流必须满足电路的要求，否则将出现电感器难以满足电路运行的需求或是造成电感器损毁的现象。

（3）外形尺寸适合原则：因为电路板上的空间有限，以及不同的位置会对电感器有不同的要求，为了能够留出电感器正常工作的空间，需要电感器线圈的外形和尺寸都符合电路板实际情况的要求。

（4）高频适合原则：在高频电路的电感器线圈选择中，除了注意高频阻流电感器线圈的额定电流和电感量之外，还应当考虑电感器线圈的缠绕方式。一般认为蜂房式和多层分段绕制的电感器线圈的电容较小，适合在高频电路中使用。而对于低频电路的电感器线圈的选用，尽量选择电感量大于回路电感量 10 倍及以上的。

（5）性能适合原则：不同的电感器线圈具有不同的性能效果，要用在不同的电路中，在选择电感器线圈时应当注意性能适合原则。

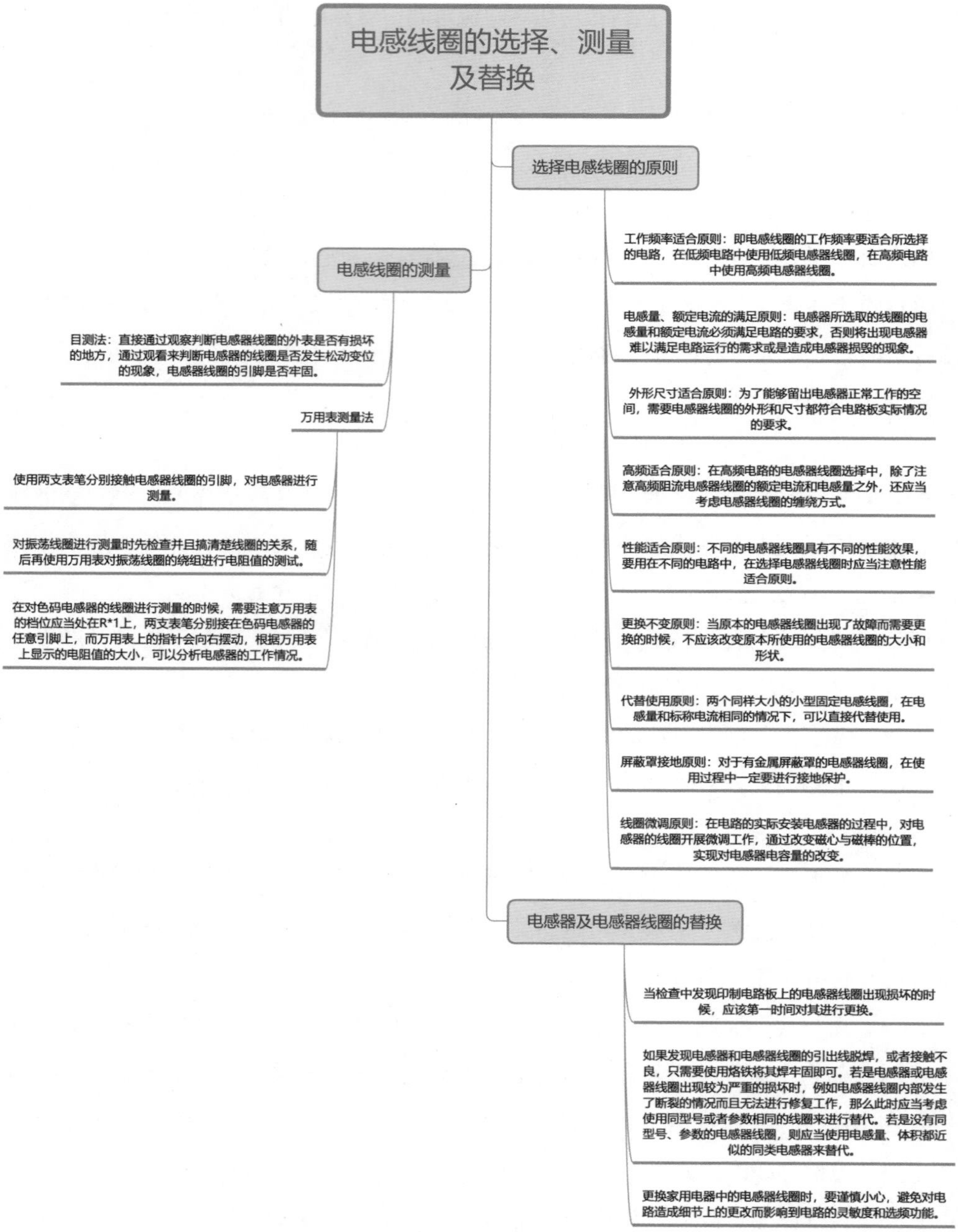

电感线圈的选择、测量及替换

选择电感线圈的原则

电感线圈的测量

工作频率适合原则：即电感线圈的工作频率要适合所选择的电路，在低频电路中使用低频电感器线圈，在高频电路中使用高频电感器线圈。

电感量、额定电流的满足原则：电感器所选取的线圈的电感量和额定电流必须满足电路的要求，否则将出现电感器难以满足电路运行的需求或是造成电感器损毁的现象。

外形尺寸适合原则：为了能够留出电感器正常工作的空间，需要电感器线圈的外形和尺寸都符合电路板实际情况的要求。

目测法：直接通过观察判断电感器线圈的外表是否有损坏的地方，通过观看来判断电感器的线圈是否发生松动变位的现象，电感器线圈的引脚是否牢固。

万用表测量法

高频适合原则：在高频电路的电感器线圈选择中，除了注意高频阻流电感器线圈的额定电流和电感量之外，还应当考虑电感器线圈的缠绕方式。

性能适合原则：不同的电感器具有不同的性能效果，要用在不同的电路中，在选择电感器线圈时应当注意性能适合原则。

使用两支表笔分别接触电感器线圈的引脚，对电感器进行测量。

对振荡线圈进行测量时先检查并且搞清楚线圈的关系，随后再使用万用表对振荡线圈的绕组进行电阻值的测试。

更换不变原则：当原本的电感器线圈出现了故障而需要更换的时候，不应该改变原本所使用的电感器线圈的大小和形状。

在对色码电感器的线圈进行测量的时候，需要注意万用表的档位应当处在R*1上，两支表笔分别接在色码电感器的任意引脚上，而万用表上的指针会向右摆动，根据万用表上显示的电阻值的大小，可以分析电感器的工作情况。

代替使用原则：两个同样大小的小型固定电感线圈，在电感量和标称电流相同的情况下，可以直接代替使用。

屏蔽罩接地原则：对于有金属屏蔽罩的电感器线圈，在使用过程中一定要进行接地保护。

线圈微调原则：在电路的实际安装电感器的过程中，对电感器的线圈开展微调工作，通过改变磁心与磁棒的位置，实现对电感器电容量的改变。

电感器及电感器线圈的替换

当检查中发现印制电路板上的电感器线圈出现损坏的时候，应该第一时间对其进行更换。

如果发现电感器和电感器线圈的引出线脱焊，或者接触不良，只需要使用烙铁将其焊牢固即可。若是电感器或电感器线圈出现较为严重的损坏时，例如电感器内部发生了断裂的情况而且无法进行修复工作，那么此时应当考虑使用同型号或者参数相同的线圈来进行替代。若是没有同型号、参数的电感器线圈，则应当使用电感量、体积都近似的同类电感器来替代。

更换家用电器中的电感器线圈时，要谨慎小心，避免对电路造成细节上的更改而影响到电路的灵敏度和选频功能。

图 4.3.1 电感线圈的选择、测量及替换

（6）更换不变原则：当原本的电感器线圈出现了故障而需要更换的时候，不应该改变原本所使用的电感器线圈的大小和形状，一旦对新的电感器线圈的位置或者是数量以及线圈间的距离进行改变，其电感量也会随之发生变化，使得电路无法正常作业。尤其是高频电路中常用到的空心电感器，线圈更要注意更换不变的原则。

（7）代替使用原则：两个同样大小的小型固定电感线圈，在电感量和标称电流相同的情况下，可以直接代替使用。

（8）屏蔽罩接地原则：为了保证电感器线圈的正常使用，有些电感器的外表会设有金属屏蔽罩，对于有金属屏蔽罩的电感器线圈，在使用过程中一定要进行接地保护，不但能够提高电感器现在的性能效果，而且能更有效地隔离电感器形成的电场。

（9）线圈微调原则：在电路的实际安装电感器的过程中，为达到最佳使用效果，需要对电感器的线圈开展微调工作。通过改变磁心与磁棒的位置，实现对电感器电容量的改变。

2 电感线圈的测量。

对于电感线圈的相关测量，尤其是测量电感器线圈上的电感量，需要采用专业的测量方法。下面就为电工们介绍两种简单实用的电感器线圈测量方法。

（1）目测法。

直接通过观察判断电感器线圈的外表是否有损坏的地方，通过观看来判断电感器的线圈是否发生松动变位的现象，电感器线圈的引脚是否牢固。不过这种目测法是最简单的测量方法，只能判断出电感器的线圈是否出现故障，而要进一步确认电感器线圈的状态，还需要进一步的仪器检测。

（2）万用表测量法。

①使用两支表笔分别接触电感器线圈的引脚，对电感器进行测量。当万用表上显示的电阻值为 0 时，说明电感器线圈的内部发生了短路的现象，电感器不能够正常工作；如果万用表上显示的电阻值不为 0，而是正常的电阻值，说明电感器没有故障，可以正常工作。判断万用表上所显示的电阻值是否正常，只需要将得到的电阻值同相同型号的正常阻值进行比较就可得出结果。而在对电感器线圈使用万用表测量电阻值时，还会出现 ∞ 的情况，此时说明电感器出现了故障，电感器出现了短路的情况，此时的电感器线圈无法正常使用。

②在对振荡线圈进行测量时应该注意，因为振荡线圈有底座，而底座的下方有很多的引脚。在测量之前，应该先检查并且搞清楚底座下面的引脚和哪些线圈是连着的关系，随后再使用万用表对振荡线圈的绕组进行电阻值的测试。正常情况下的电阻值是较小的，如果电阻值出现为 0 或者是 ∞ 的符号，则说明电感器的线圈存在短路或者是断路的故障。

此外，振荡线圈的外部经常会有屏蔽罩，所以在对振荡线圈的屏蔽罩之间的电阻值进行测量的时候，需要格外注意将万用表打到 R*10k 档，并且需要其中一支表笔接触屏蔽罩之后，再用另外一支表笔分别接触振荡线圈各绕组的引脚，若万用表上显示的电阻值为∞，则代表了电感器的正常运行；若万用表上显示的电阻值为 0，则表示电感器出现了短路的现象。

③在对色码电感器的线圈进行测量的时候需要注意，万用表的档位应当处在 R*1 上，两支表笔分别接在色码电感器的任意引脚上，而万用表上的指针开始向右摆动，根据万用表上显示的电阻值的大小，可以分析电感器的工作情况。若万用表上显示的电阻值为 0，则说明色码电感器的内部存在短路的情况，需要及时检修；若能够测量出正常的电阻值（通常认为被测量的色码电感器直流电阻值的大小，和色码电感器绕制线圈的圈数和所用的漆包线线径有直接的关系），则色码电感器是正常运行的。

3 电感器及电感器线圈的替换。

因为电感器有使用寿命的限制，而且电感器上的线圈也会出现损坏的情况，这就要求电工了解电感器及电感器线圈替换的相关知识。

印制电路板通常是电气设备的重要组成部分，也是决定电气设备能否正常运行的关键。当检查中发现印制电路板上的电感器线圈出现损坏的时候，应该第一时间对其进行更换。

如果发现电感器和电感器线圈的引出线脱焊，或者接触不良，只需要使用烙铁将其焊牢固即可。若是电感器或电感器线圈出现较为严重的损坏时，例如电感器线圈内部发生了断裂的情况而且无法进行修复工作，那么此时应当考虑使用同型号或者参数相同的线圈来进行替代。若是没有同型号、参数的电感器线圈，则应当使用电感量、体积都近似的同类电感器来替代。

用于家用电器中，比如电视机、洗衣机中能够起到频率调谐的电感器线圈，因为选频的功能要求电感器具有精确的电感量和品质因数，所以更换这类电感器线圈时，要谨慎小心，避免对电路造成细节上的更改而影响到电路的灵敏度和选频功能。

4.3.3　电感器的主要参数

电感器和电容器较为相似，也可以看做是一种储能元件。而在电感器中，主要包括以下的参数：电感量、品质因数、分布电容、允许偏差、额定电流、稳定性。如图 4.3.2。

1 电感量。

电感量是表示电感器自感应能力的一种物理量，大小主要受到电感器线圈的圈数、绕制方式和有无磁心与磁棒及其材料等因素的影响。一般情况下，电感器线圈的圈数越多，绕组上的电感器线圈越密集，电感量的值会越大。有磁心与磁棒的电感器电感量值要比没有磁心与磁棒的电感器电感量值要大。用于低频电路中的铁心材质的磁心与磁棒就要比铜心材质的磁心与磁棒的电感量要更大一些。

电感的测量：对于电感器中电感量的测量，通常会使用到 RLC 测量和电感测量仪，其中 RLC 测量还可以测量电阻值和电容量。由于受到各种因素的影响，实际电路中测到的电感值和理论上的电感值也会存在差距。电工在开始测量电感量前，需要先熟悉仪器的操作规则，阅读使用说明和注意事项。在仪器开启电源后，预备 15~30 分钟的时间，将仪器调到 L 档，并选中将要测量电感量的范围，将仪器上的两个夹子互夹之后进行复位清零操作后，再将两个夹子分别夹在电感器的两端，记录好仪器上的数值。重复测量的过程，需要记录 5~8 个数据，比较几个测量值，在测量值波动范围较小的情况下，进行平均值的计算。若电感测量值的波动范围较大，则需要重复开启电源直到取得测量结果程。

2 品质因数。

品质因数通常被称为"Q"值。品质因数通常反应了电感器线圈质量的高低，是评价电感器好坏的主要参数之一。一般情况下，品质因数数值的大小与线圈损耗有直接关系，当线圈的损耗越小的时候，品质因数数值会越高；反之，线圈的损耗越大的时候，品质因数数值会越低。品质因数的数值越高，也就代表了该电感器线圈的质量越好。

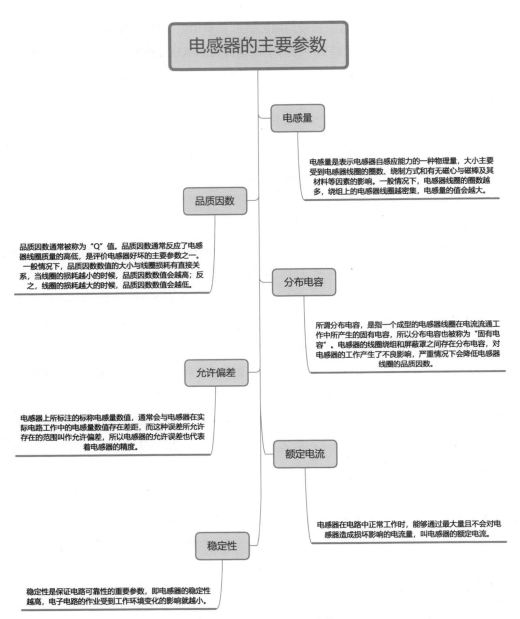

图 4.3.2 电感器的主要参数

事实上，品质因数的数值经常在几十到几百之间不等，而振荡电路和选频电路都对电感器线圈具有较高的品质因数要求，电感器的线圈损耗越小，对电路的振荡幅度和选频能力的负面影响也越小；而在耦合电路中，选取电感器的线圈时，可降低对品质因数的要求。此外，构成线圈的导线的粗细程度、线圈的绕制方式，以及导线是多股线、单股线还是裸导线等因素，都会对品质因数的数值造成影响。

③ 分布电容。

所谓分布电容，是指一个成型的电感器线圈在电流流通工作中所产生的固有电容，所以分布电容也被称为"固有电容"。而电感器的线圈绕组和屏蔽罩之间，不可避免地会存在一些分布电容。这些分布电容的存在，对电感器的工作产生了降低稳定性的不良影响，严重情况下会降低电感器线圈的品质因数。在各种电路中，都要求较小的电感器线圈分布电容，而使用蜂房式绕组法、分段式绕组法能够大幅度的降低电感器线圈上分布电容的存在

④ 允许偏差。

电感器上所标注的标称电感量数值，通常会与电感器在实际电路工作中的电感量数值存在差距，而这种误差所允许存在的范围叫允许偏差，所以电感器的允许误差也代表着电感器的精度。根据电路要求和工作环境的不同，会对电感器做出不同的允许偏差的要求。在振荡电路和滤波电路中，往往对电感器线圈的允许偏差要求较高，在这两种电路中的电感器允许偏差通常在 $\pm 0.2\% \sim \pm 0.5\%$ 之间；在耦合电路和高频电路中，则对电感器线圈的允许偏差要求较低，通常电感器的允许偏差在 $\pm 10\% \sim \pm 15\%$ 之间即可。

⑤ 额定电流。

电感器在电路中正常工作时，能够通过最大量且不会对电感器造成损坏影响的电流量，叫电感器的额定电流。这是为了防止电感器的线圈因为通过了过量的电流导致温度持续升高，造成参数改变或烧断现象的发生。这也要求在选取电感器时，需要选择额定电流为工作电路通过电流量的 1.5 倍 ~2 倍的电感器。

⑥ 稳定性。

稳定性是保证电路可靠性的重要参数，即电感器的稳定性越高，电子电路的作业受到工作环境变化的影响就越小。稳定性是在工作环境变化下，电感器的电感量、品质因数、分布电容等参数的稳定程度。这些参数的数量变化，应当在相关标准的规定范围内，否则将影响电路的稳定。

4.3.4　电感器符号的涵义

国际规定，电感量的基本单位为亨利，可以简称为"亨"，使用大写字母"H"来表示，其他常用的电感量单位还有毫亨和微亨。但进行单位换算时，1H=1000mH，1mH=1000μH。电感元件使用大写字母"L"来表示，通常电路中会用"L"来表示线性电感。

在电感器的相关符号和计算公式中，通常用大写字母"D"表示电感器线圈直径，"N"表示电感器线圈匝数，"d"表示电感器线圈的线径，"H"表示电感器线圈高度，"W"表示电感器线圈的宽度，由此我们可以得到空心电感计算公式：$L（mH）=（0.08 \times D \times D \times N \times N）/（3 \times D+9 \times W+10 \times H）$。

空心线圈电感量计算公式：$I=（0.01 \times D \times N \times N）/（L/D+0.44）$。其中，"I"代表线圈电感量，其单位为微亨；"D"代表线圈直径，单位为厘米；"N"代表线圈匝数，单位为匝；"L"代表线圈长度，单位为厘米。

在电感相关公式的计算中，一般的电感器中的"M"表示误差值为20%，"K"表示误差值为10%；而在精密电感器中，使用"J"表示误差值为5%，使用"F"表示误差值为1%。

4.3.5　电感的表示方法

在日常中，经常能够看到电感器上的各类参数标注，但是这些标注的方式却不尽相同。通常，电感的表示方法有以下四种，下面将对这四种电感表示方法进行详细介绍。

1　直标法。

即直接将标称电感量使用数字和符号标注在电感器的外表上。

2　文字符号法。

将电感器的电感量和主要参数使用数字和文字符号等表现方式按照一定的规律标注在电感器的外表上，而一般小功率的电感器使用文字符号法标注的较多。

3 色标法。

色标法就是在电感器的表面设置不同颜色的色环来代表电感器的标称电感量大小，此表示方法与电阻器和电容器一样。电感器中通常会使用三个或四个色环来表示电感量，其中前两个或三个色环表示电感器的标称电感量，最后一个色环表示电感器的允许偏差。

4 数码表示法。

在数码表示法中，电感量通常只用三个数字来表示，这种表示法常见于贴片式的电感器上。

4.4　二极管

二极管通常使用半导体材料制成，所以二极管是拥有单向导电功能的，而这种单向导电性能让二极管具备对电流的导通和截止的能力，类似于开关与保护设置的接通和断开效果。作为最早诞生的半导体电子元件，二极管在电子电路应用中极为广泛，同电阻器、电容器、电感器合理搭配后，可以构成效果不同的电路，能够实现调控、稳压电源等多种功能。

4.4.1　常见的晶体二极管类型

二极管是一个简称，它的全名叫作导体二极管，也叫晶体二极管。它的主要结构是 PN 结，P 极就是二极管的正极，N 极即为负极。除了 PN 结之外，还有两个电极装置，主要作用为导电，用字母"V"来表示。在正常工作时，二极管的电流是从正极流向负极工作的。

1 点接触型二极管。

点接触型二极管采用的工艺种类很多，其中的 PN 结是将 P 型和 N 型的两个半导体安插在同一个基片上，这个基片也是一个半导体，如图 4.4.1。在这两个型号的半导体交界面，就形成了 PN 结，因为接触面积不大，所以不能承载大的正向电流，但是因为它高频性能优秀，所以被使用在开关电路中。

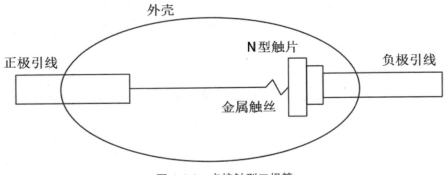

图 4.4.1　点接触型二极管

2　面接触型二极管。

面接触型二极管的 PN 结接触面积加大，可以承载大电流，也能承载较大反向电压，适用于整流电路，如图 4.4.2。

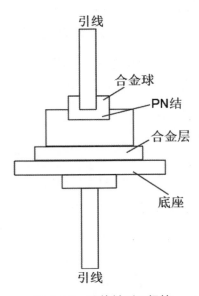

图 4.4.2　面接触型二极管

3 平面型二极管。

平面型二极管综合了以上两种二极管的特性，在开关电路中，PN 结接触面积小，在承载大电流时，PN 结接触面积大，如图 4.4.3。

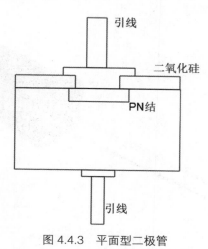

图 4.4.3　平面型二极管

4 稳压管。

稳压管是具有稳定电压作用的半导体硅二极管，它有一种特殊的接触面。与普通二极管不同的是，稳压管的 PN 结在制造过程中的工艺特殊，可以保证在工作过程中不会受高温影响。因为稳压管在工作中一直处于反向击穿状态，在这样一个反复击穿的过程中，稳压管具有良好的适应性，只要不超过稳压管电流的标准值，就可以很好地进行工作。

5 光电二极管。

光电二极管也叫作光敏二极管。顾名思义，光电二极管是利用光能来工作的二极管，它被设计出一个小窗口来接受光照，在光线通过窗口照射到 PN 结时，它就会产生自由电子等物质。光照强度越高，它的反向电流也就越高，当使用大量的电光二极管时，我们就可以将它当做一个光电池，它可以吸收光能，再转变为电能。在没有光照时，光电二极管与普通二极管并无差别。

6 发光二极管。

发光二极管与光敏二极管相反，是将电能转化为光能，也就是我们常说的 LED。

在发光二极管中也有 PN 结，被装在不同形状的塑料壳内，如图 4.4.4。发光二极管工作所需的电流小，体积小，省耗电，是一个很好的指示光源，所以我们经常见到的指示信号电路中，往往使用的是发光二极管。而影响发光二极管所发出光线的因素，是制作二极管的材料。

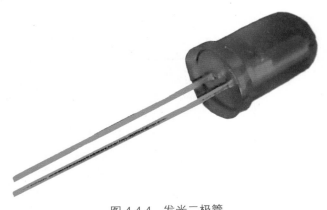

图 4.4.4　发光二极管

4.4.2　二极管的主要参数

二极管的主要参数包括电阻、额定电流、反向击穿电压、最高工作频率等，如图 4.4.5，下面一一讲解。

1 二极管的电阻。

二极管内的电阻分为直流电阻和动态电阻两种，直流电阻就是在二极管上通过直流电流 I，于是就有了相对应的直流电压 V，I 和 V 的比值，就是二极管的等效直流电阻；动态电阻就是在直流电压 V 上增加一个增量电压△ V，相对应的就有增量电流△ I，而△ V 与△ I 的比值就是二极管的动态电阻。

二极管的两种电阻是可以根据工作环境而变化的，再做反向运动时，二极管的电阻可以达到无穷大。

2 二极管的额定电流。

其额定电流是指通过二极管的电流不超过标准值，PN 结温度不超过极限值，所允许通过的最大正向电流。

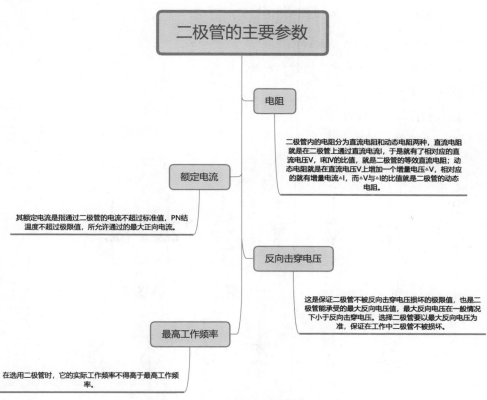

图 4.4.5　二极管的主要参数

3 二极管的反向击穿电压。

这是保证二极管不被反向击穿电压损坏的极限值，也是二极管能承受的最大反向电压值，最大反向电压在一般情况下小于反向击穿电压。选择二极管要以最大反向电压为准，保证在工作中二极管不被损坏。

4 二极管的最高工作频率。

顾名思义，在选用二极管时，它的实际工作频率不得高于最高工作频率。

4.4.3　二极管符号的涵义

二极管常见的符号如图 4.4.6，其涵义如下：

图一为普通二极管，第一个是国内标准的画法；

图二为双向瞬变抑制二极管；

图三分别是光敏或光电二极管、发光二极管；

图四为变容二极管；

图五为肖特基二极管；

图六为恒流二极管；

图七为稳压二极管。

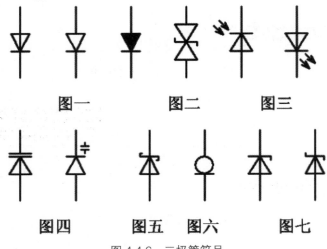

图 4.4.6　二极管符号

4.4.4　二极管的管脚极性

如何分辨二极管的管脚极性呢？

我们可以通过以下几种方式识别：通常二极管在管脚处有标色的一段为负极；发光二极管的两管脚长度普遍不相同，长端为正极，短端为负极；管脚长度相同的发光二极管，可以通过二极管内部的金属片来分别，金属片小的是正极，金属片大的是负极；根据外表无法判断二极管管脚正负极时，可以使用万用表，根据万用表读数来判断，当万用表显示"1"时，黑笔为正极，当读数显示非"1"时，黑笔为负极。

4.5　三极管

4.5.1　常见的晶体三极管

常见的晶体三级管有很多种分类方式。根据材质不同，可以分成硅管和锗管；根据工作环境不同，可以分为开关管、功率管、达林顿管、光敏管等；根据内部结构不同，可以分为 NPN、PNP；根据工作频率和工作功率不同，可以分为低频管、高频管、超频管和小功率管、中功率管、大功率管；根据结构不同，可以分为合金管、平面管；根据安装方式不同，可以分为插件管和贴片管。图 4.5.1 为常见的三极管。

图 4.5.1　三极管

4.5.2　三极管的结构

晶体三极管，是半导体的基本元器件之一，具有放大电流的作用，是电子电路的核心元件。三极管是在一块半导体基片上制作两个相距很近的 PN 结，两个 PN 结把整块半导体分成三部分，中间部分是基区，两侧部分是发射区和集电区，排列方式有 PNP 和 NPN 两种，从三个区引出相应的电极，分别为基极 b、发射极 e 和集电极 c，如图 4.5.2。

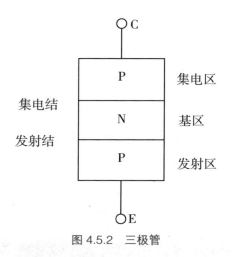

图 4.5.2　三极管

三极管的 PN 结有两种，第一种是发射区和基区之间的发射结，另一种是集电区和基区之间的集电结。而一般的三极管中都有 PNP 和 NPN 两种类型，它们之间的区别是：PNP 型发射结产生的是"空穴"，与电流方向一致，PN 结的导通方向朝里；NPN 型发射结产生的是自由电子，与电流方向相反，PN 结的导通方向朝外。

4.5.3　三极管的主要参数

三极管的主要参数包括直流参数、交流参数和极限参数，如图 4.5.3。

1 三极管的直流参数。

三极管的四种开路为：

（1）集电极在 Ie=0 时，代表着 Icbo（基极反向饱和电流）为发射极开路，基极反向饱和电流意为将反向电压 Vcb 加压在基极和集电极两者之间，因为这个参数在一定温度下表现稳定，时常为一个常数，所以称作反向饱和电流。Icbo 很小的三极管一般制作良好，而硅管三极管的 Icbo 是毫微安级，可以说是非常小。

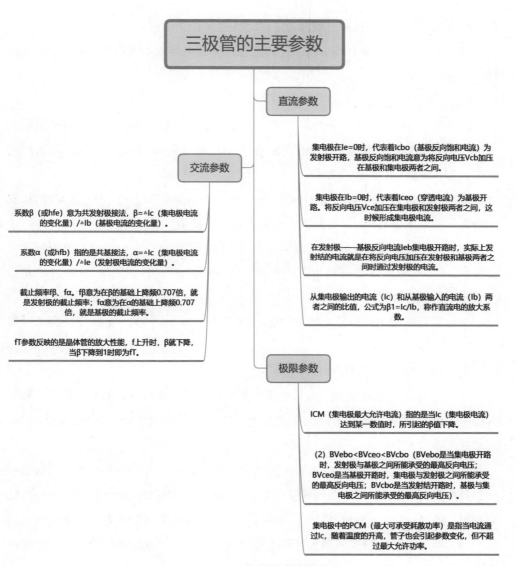

图 4.5.3　三极管的主要参数

（2）集电极在 Ib=0 时，代表着 Iceo（穿透电流）为基极开路。将反向电压 Vce 加压在集电极和发射极两者之间，这时候形成集电极电流。Iceo 大约是 Icbo 的 β 倍。两种电流都受温度因素影响，主要用作衡量管子的热稳定性，数值越小，功能越稳定。

（3）在发射极——基极反向电流 Ieb 集电极开路时，实际上发射结的电流就是在将反向电压加压在发射极和基极两者之间时通过发射极的电流。

（4）有一个公式为 β 1=Ic/Ib，它的意思是从集电极输出的电流（Ic）和从基极输入的电流（Ib）两者之间的比值，称作直流电的放大系数。

2 三极管的交流参数。

（1）系数 β（或 hfe）意为共发射极接法，β = △ Ic（集电极电流的变化量）/△ Ib（基极电流的变化量）。一般来说 β 在 10~200 之间是正好的数值，β 太小或者太大都达不到最好的作用效果。

（2）系数 α（或 hfb）指的是共基接法，α = △ I（c 集电极电流的变化量）/△ Ie（发射极电流的变化量）。α 只要大于 0.90 就可以正常使用。

（3）截止频率 fβ、fα。fβ 意为在 β 的基础上降频 0.707 倍，就是发射极的截止频率；fα 意为在 α 的基础上降频 0.707 倍，就是基极的截止频率。fβ、fα 是三极管频率的重要参数。

fT 参数反映的是晶体管的放大性能，f 上升时，β 就下降，当 β 下降到 1 时即为 fT。

3 三极管的极限参数。

（1）（1）ICM（集电极最大允许电流）指的是当 Ic（集电极电流）达到某一数值时，所引起的 β 值下降。所以当 Ic 超过 ICM 时，β 值明显下降，并不会导致损坏，却非常影响放大质量。

（2）BVebo<BVceo<BVcbo（BVebo 是当集电极开路时，发射极与基极之间所能承受的最高反向电压；BVceo 是当基极开路时，集电极与发射极之间所能承受的最高反向电压；BVcbo 是当发射结开路时，基极与集电极之间所能承受的最高反向电压）。

（3）集电极中的 PCM（最大可承受耗散功率）是指当电流通过 Ic，随着温度的升高，管子也会引起参数变化，但不超过最大允许功率。

4.5.4 三极管的放大作用

三极管的放大作用，是利用三极管的电流放大原理，在共发射极的电路中，在基极输入一个小的电流信号，就会引起集电极电流比较大的变化。这种小变化引起了大变化，就是把小信号变大了。这就是三极管的放大作用。要使三极管能够正常工作，还需要一些条件，比如必要的偏置电流。

放大的作用体现在如下方面：

1.可加强输出的信号，通过三极管内的设置来放大信号，让信号在电流和电压上都得到放大的效果。

2.输出的信号得到加强后并不是由三极管控制，由直流电流提供能量，但三极管的控制只是将能量转化给负载，提供信号能量。

如果输入信号的值为零，那么直流电源就会为三极管提供基极和集极电流，并形成直流电压，直流电压不可以到达此电路的输入和输出两个端口。当交流信号通过 C1 和 Ce 两个电容时，可以集结在三极管的发射结上，之后电压变为交流电和直流电的叠加。

放大电路各信号的符号规定如下：经过三极管的放大作用，ic 经过放大比 ib 大几十倍。因为放大作用，只要是不超过参数的最大值，输出的电压都会比输入的电压大很多倍。uCE 中的交流电，有一些因为电容的作用到达负载电阻，经过放大成为输出电压。综上所诉，在放大电路中，三极管的信号不随着输入信号而改变，但交流信号改变。在放大电路的工作进程中，交流信号和直流信号相互叠加，但只要经过电容作用，输出的只有交流信号，所以分析放大电路就可以分成直流、交流两条通路进行分析。

最后的基本要求是：保证输入的信号要三极管的输入电极，转变为基极电流，可以对三极管进行控制，变成集电极电流，保证有合适的偏置，保证能将电流信号转变为合适的电量形式。

4.5.5　晶体三极管的极性

1 如何对基极 b 进行判定？

首先 PNP 型用 a）来表示，NPN 型管用 b）来表示。a）和 b）都可以当作是二极管串联而成。用一支表笔触碰其中一个电极，然后用另外一支表笔与另外两个电极触碰，如果测出的电阻值数值同大同小，那么第一支笔触碰的就是基极。反之，如果第二支笔测出的数值大小不同，那么第一支笔触碰的就不是基极，需要重新判定。

2 如何对 PNP 型或 NPN 型进行判定？

如果在上述方法中第一支表笔确定为基极，那么第二支表笔测量另外两个电极时，数值大的为 NPN 型，数值小的为 PNP 型。

3 如何对发射极 e 和集电极 c 进行判定？

将管子供电使用正常方法连接，测量数值小，就说明 e、c 通过的电流就大。因为如果表笔接反，那么测出的数值就大，在确定了基极之后，可以正向测量 e、c 电阻，然后反向再测量一次，得出数据不对等就是正确的测量方法。在正常的接法中 PNP 型第一个表笔接 c 极，第二个表笔接 e 极；NPN 型第一个表笔接的是 e 极，第二个表笔接的是 c。

开关是指一个可以使电路开路、使电流中断或使其流到其他电路的电子元件。开关的用途可分为三点：

一是断开电源，将检修设备和带电装置隔开，使中间有可见的间隔。

二是使用断路器将开关隔开，进行反向操作，改变系统的接线方式。

三是接通小电路的元件，也可以断开电路，隔离开关可以接通断开闭路开关的支路电流；接通断开变压器的接地线，但只有在系统没有故障的时候才可以操作；接通断开避雷器和互感器等。

第5章

电工常用电器元件

5.1 开关

开关与其它电路元件连接在一起，是用来检测元件或电路参数的一种装置。检测的开关具备感应功能，常见的有各种感应开关或接近开关，但需要外接电源才可以运行。

5.1.1 开关的用途及工作原理

开关依照自身用途具有多种多样的输出使用方法，包括接点输出式、光电耦合输出式、直流3线式、直流2线式等，如图5.1.1。

1 接点输出式。

其主要的目的是与电磁开关和电磁器等进行连接，是以限位开关和微型开关等为输出的开关要素，开关控制达到数安培电流。

2 光电耦合输出式。

检测电路电气绝缘的使用方法和接点输出式一样，可控制的电流开关为10~50mA。

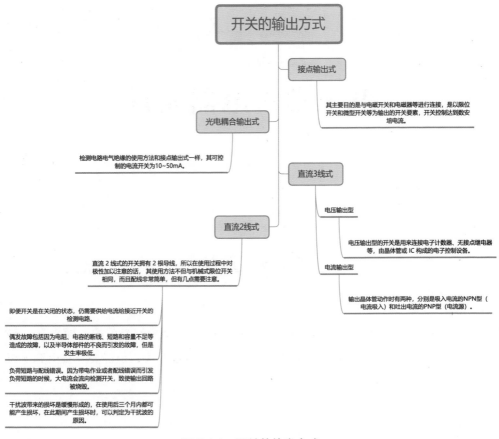

图 5.1.1　开关的输出方式

3 直流 3 线式。

（1）电压输出型。

电压输出型的开关是用来连接电子计数器、无接点继电器等，由晶体管或 IC 构成的电子控制设备。

（2）电流输出型。

电流输出型又称为开放、集电极输出型。输出晶体管动作时有两种，分别是吸入电流的 NPN 型（电流吸入）和吐出电流的 PNP 型（电流源）。使用小容量的功率晶体管在输出晶体管中，可以进行开关的电流在 50~200mA，能够直接进行电磁继电器、电磁阀、直流电磁器、显示灯等负荷的驱动。

4　直流 2 线式。

直流 2 线式的开关拥有 2 根导线，所以在使用过程中对极性加以注意的话，其使用方法不但与机械式限位开关相同，而且配线非常简单，但要注意下述情况。

即便开关是在关闭的状态，仍需要供给电流给接近开关的检测电路。因此，负荷中会有微量的电流在流动。这种电流被称为漏电流。

（2）偶发故障包括因为电阻、电容的断线、短路和容量不足等造成的故障，以及半导体部件的不良而引发的故障，但是发生率极低。如果这种开关经常发生故障，可能与使用环境有关系，届时可以咨询厂家。

（3）负荷短路与配线错误。因为带电作业或者配线错误而引发负荷短路的时候，大电流会流向检测开关，致使输出回路被烧毁。保护对策在检测开关外进行，可以运用切断短路电流的方式，借助熔断器来进行保护，不但可以保护负荷短路，还能对地线起到保护作用。但需要注意的是，由于开关内输出晶体管的残余容量较小，所以达不到 100% 的效果。

干扰波导致的破损。因为干扰波带来的损坏是缓慢形成的，因此在开始使用后的 1~3 个月产生损坏并不罕见。所以在此期间产生损坏时，可以判定为干扰波的原因。

5.1.2　电源开关

电源开关亦被称作交换式电源、开关电源，属于电源供应器中的一类，是高频化的电能转化装置。它的功能是把一个位准的电压，通过不同样式的架构变换成用户端所需求的电流或电压。开关电源的输入大多是直流电源或者交流电源（比如市电），其输出则大多是需要直流电源的设备（比如个人电脑），而开关电源则进行两者之间电流和电压的转换。图 5.1.2 所示为电源开关。

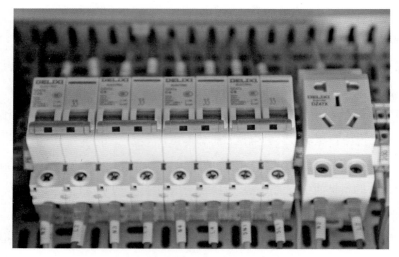

图 5.1.2　电源开关

开关电源与线性电源不同，开关电源所使用的切换晶体管大多是在全闭模式（截止区）和全开模式（饱和区）两者之间进行切换。这两种模式的特点都是低耗散，切换之间的转换会产生比较高的耗散，因为时间非常短，所以节省能源，产生废热也较少。理想状态下，开关电源是不会产生电能消耗的。电压稳压是通过调整晶体管导通和断路的时间来达成的。与之相反，线性电源在产生输出电压的时候，晶体管在放大区工作，本身是会消耗电能的。它的一大优点是开关电源的高转换效率，且由于开关电源的工作频率高，可以使用轻重量和小尺寸的变压器。因此，开关电源的重量相较于线性电源要轻，尺寸也会比较小。

如果把考虑的重点放在电源的高效率、重量和体积上时，开关电源相较于线性电源要好。不过开关电源比较复杂，内部晶体管会经常进行切换，如果切换电流不加以处理，很可能会产生噪声和电磁干扰影响到其他的设备，而且若开关电源缺乏特别的设计，它的电源功率因数也可能会不高。

5.1.3　按钮开关

按钮开关简称按钮，亦被称作控制按钮，是需要手动而且通常能够自动归位的低压电器，如图 5.1.3。按钮一般用作电路中发送启动或停止的指令，用来控制继电器、接触器等电器线圈电流的接通或断开。

图 5.1.3　按钮开关

按钮开关是松开就会复位，按下就会开始的用来切断或接通小电流电路的电器，其结构示意图如图 5.1.4 所示。通常用在交直流电压 440V 以下，在电流小于 5A 的控制电路中，通常不直接操控主电路，也可用在互联电路中。

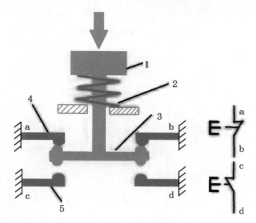

图 5.1.4　按钮开关结构示意图

5.1.4 万能转换开关

万能转换开关通常应用于交流 50Hz、限定工作电压 380V 及以下，限定电流到 160A 的电气线路当中，也可以用于电流表、电压表的换相测量控制、配电装置线路遥控和转化等，甚至也能用于控制小容量的电动机发动转向及调速。

综合而言，万能转换开关可以用于不经常接通和切断的电路中，完成负载和换接电源，是一种控制多回路、多档式的主令电器，如图 5.1.5。

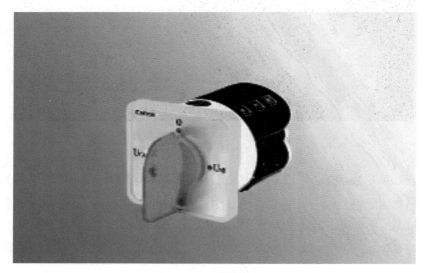

图 5.1.5　万能转换开关

5.1.5 刀开关

刀开关通常用于不需要经常断开和闭合的直、交流低压（不大于 500V）电路中，在额定电压下其工作电流不可以超出限定值，如图 5.1.6。在机床上，闸刀主要是做电源开关，通常不会用它来接通或断开电动机的工作电流。闸刀包括单极、双极和三极三种。常用的三极刀开关允许长时间通过的电流包括 100A、200A、400A、600A 和 1000A 五种。产品型号有 HD（单投）和 HS（双投）等系列。

图 5.1.6　刀开关

5.2　保护器

5.2.1　保护器的用途及工作原理

　　保护器是一种给电器提供用电安全保护的装置，它里面包含智能防高压装置，在电器遭受到瞬间高电压的异常情况下，会智能开启内部保护装置，保证后端用电器的用电安全。保护器分成两大类，即家用保护器和机械类的保护器，可以依据不同的需求选择相应的保护器。

　　漏电保护器是一种能够依据判断结果，将主电路接通或者切断的开关元件。它是由热继电器、熔断器构成的功能完备的低压开关元件。它的作用是在电路无异常，运行电流相同的状况下作为开路，而遇到短路或是其他的状况，电路瞬间变大的时候，它便跳闸切断所有电源，保护主题电路的安全。图 5.2.1 为保护器示意图。

图 5.2.1　保护器保障用电安全

　　实践表明，人体触电 80% 左右是因为人体触及单相相线导致，触电电流经过相线—人体—大地形成回路，对人体酿成伤害。对漏电保护开关进行普及，可以防止设备漏电、减少人身触电事故的发生、提升安全用电水平。通常来说，厂家都会生产具备短路和漏电保护功能的开关，有的甚至还会设有过压、过载、欠压保护等功能。只要保证质量，便能够满足可靠和稳定的需求。

　　应用漏电保护开关，不但对于提升安全用电水平，减少人身触电事故的发生和设备漏电保护起到至关重要的作用，还能避免很多电气火灾事故。供电企业还可以减少因为漏电触电而产生的经济赔偿损失及纠纷，甚至减少这方面的法律诉讼。总而言之，保护器对用户及对供电企业都有着积极而深远的作用。

　　其工作原理就是保护器内的防高压装置，并联在电源线路上（火线、地线和零线），能够智能判断线路电压的情况。

　　在智能装置两端的电压低于启动电压值的时候（如线路上 220V 正常电压），内部几乎没有电流通过，装置的内部电阻值靠近无穷大，等同于断路状态，电器能够正常使用。

在智能装置两端的电压高于标称启动电压的时候，防高压装置快速开启导通，从高阻状态转换成低阻状态，工作电流也急剧加大，等同于短路状态，泄放线路上多余的能量。在保护器的防高压转换后，可以使线路残存的电压下降到 1000V 之内，保证进入后端电器的瞬间高压在电器自身可以承受的范围之内，实现对电器的安全保护。

5.2.2　熔断器

熔断器是依据电流超出限定值一段时间后，通过自身的热量熔化熔体，从而切断电路，利用这一原理而制造的电流保护器，如图 5.2.2。熔断器普遍应用在控制系统、高低压配电系统和用电设备当中，作为短路以及过电流的保护器，它是应用最广泛的保护器件之一。

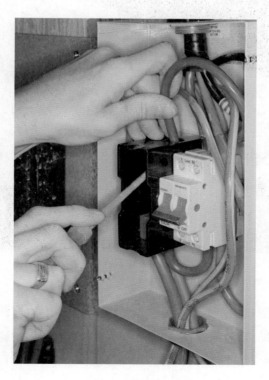

图 5.2.2　熔断保护器

熔断器是将金属导体当作熔体串联在电路之中，在短路电流经过熔体或者过载的时候，因其自身产生的热量而熔断，然后切断电路的一种电器。它的结构非常简单，而且方便使用，普遍应用于电力系统、家用电器和各种电工设备之中作为保护器件。

5.2.3 断路器

断路器是一种开关装置，它可以开断和承载在正常回路中的电流，并且可以在范围时间之内开断、承载和关合在异常回路条的电流，如图5.2.3。断路器根据它的使用范畴可以划成两种：一是低压断路器，二是高压断路器，高压与低压界线的区分较为笼统，高压电器通常在3kV以上。

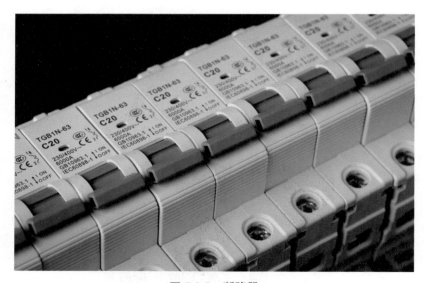

图5.2.3 断路器

断路器能够分配电能，不经常性地开启异步电动机，对电源线路和电动机等进行保护，在发生短路或是严重过载和欠压等状况的时候可以自动断开电路，并且在断开故障电流后通常不用变更零部件。

电在产生、输送和使用的过程中，非常关键的环节就是配电。配电系统分为变压器与各种高低压电器设备，低压断路器则是一种使用量大、使用面广的电器。

　　断路器通常是由操作机构、表壳、灭弧系统和脱扣器等组合而成。

　　在过载的时候，通常电流增大，发热量增加，当双金属片产生变形，直到一定程度后便会拉动机构动作（电流越大时动作时间则越短）。在短路的时候，大电流（通常在 10~12 倍）产生的磁场摆脱反力弹簧，脱扣器带动操作机构动作，开关瞬间跳闸。图 5.2.4 为断路器结构及工作原理示意图。

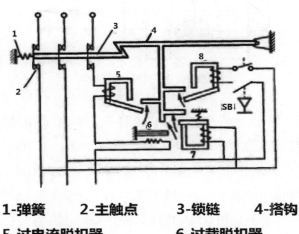

1-弹簧　　　2-主触点　　　3-锁链　　　4-搭钩
5-过电流脱扣器　　　　　6-过载脱扣器
7-失压脱扣器　　　　　　8-分励脱扣器

图 5.2.4　断路器结构及工作原理

　　断路器还有电子型的，它是运用互感器收集各相电流的大小，然后和所设定的值进行比较。在电流处于非正常状态时，微处理器会发出信号，使电子脱扣器拉动操作机构动作。

　　断路器用于接通和断开负荷电路和故障电路，防止灾害扩大，保障安全运行。高压断路器则需切断 1500V，电流在 1500A 到 2000A 之间的电弧，这些电弧可延长到 2m 仍继续燃烧而不熄灭。因此，高压断路器必然要解决的问题就是灭弧。

　　灭弧的运行原理是借助吹弧拉伸长电弧增强带电粒子的扩散及结合，同时吹散弧隙中的带电粒子，快速恢复介质的绝缘强度；另一方面是冷却电弧，减弱热游离，如图 5.2.5。

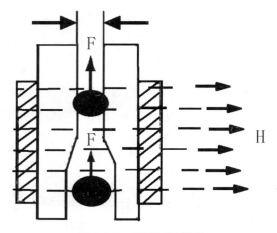

图 5.2.5　灭弧运行原理

　　低压断路器又名自动空气开关，可以控制不经常开启的电动机，还可以接通和断开负载的电路，是低压配电网中非常重要的保护电器。其功能是热继电器、失压继电器、闸刀开关及漏电保护器等电器部分或全部功能之和。

　　低压断路器拥有多项保护功能、分断能力高、方便操作、安全、能调动作值等优点，因此得到了广泛的应用。低压断路器是由灭弧系统、触点、操作机构等组成。在选用低压断路器时可以根据图 5.2.6 中的原则进行。

图 5.2.6　低压断路器的选用原则

低压断路器的主触点需要靠手动操作或者电动合闸。当主触点关闭之后，主触点被自由脱扣机构锁在合闸的位置上。欠电压脱扣器线圈与电源并联起来，过电流脱扣器线圈与热脱扣器热元件和主电路串联起来。在严重过载或者电路出现短路的时候，过电流脱扣器的衔铁进行吸合，推动自由脱扣机构的动作，主触点断开主电路。在电路欠电压的时候，欠电压脱扣器的衔铁松开，推动自由脱扣机构的动作。远距离控制则用分励脱扣器，在正常工作的时候，线圈处于断电状态，当需要距离控制的时候，按下启动按钮，使线圈通电。在电路过载的时候，热脱扣器的热元件产生热量，导致双金属片发生弯曲，带动自由脱扣机构动作。

5.2.4　漏电保护器

漏电保护器，亦称作漏电断路器，简称为"漏电开关"，如图 5.2.7。通常用在设备产生漏电故障的时候和对有生命危险的人身触电进行保护，功能为过载和短路保护，也可以用于线路的保护或是电动机发生过载和短路的状况。

图 5.2.7　漏电保护器

漏电保护器拥有其他保护电器（比如熔断器、自动开关等）不可比拟的优势，即在漏电保护和反应触电方面具备动作快速性和高度灵敏性。漏电保护器是利用系统所余留的电流反应和动作，在正常状态下系统剩余电流接近于零，因此它的动作整定值能够整定得非常小（一般为 mA 级）。在系统设备的外壳带电或者发生人身触电的时候，有较大的剩余电流，漏电保护器通过检查和处理剩余电流后可快速动作，断开电源。

5.2.5　过热保护器

过热保护器是指当温度超出规定阀值的时候就会开启相应保护功能。电子器件在工作状态下都会发热，故很多都带有过热保护，一旦超过相应的阀值就会启动保护。如电机过热保护、功率器件过热保护等。

生产中所用的球磨机、自动车床等接连运转的机电设备，还有其它无人看守的机电设备，因为温控器失灵或者过热导致的事故不时发生，因此必须采取相应的保护举措。

通常情况下，可以采用热敏感的电子元件来组构过热保护电路。在热敏元件检测到主电路设备的温度到达一定的值时，内部的低熔点金属便会产生形变，推动切断主电路，达成保护主电路设备的目的。在停机散热一段时间后，热敏元件检测到主电路设备温度下降，内部的低熔点金属也恢复到原有的形状，进而主电路接通，主电路设备便能够正常运行，如图 5.2.8。

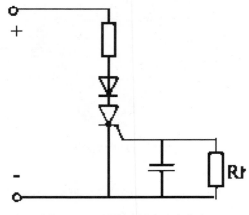

图 5.2.8　保护器保障用电安全

5.3　继电器

5.3.1　继电器的用途及工作原理

　　继电器分别是由接点系统以及电磁系统组成的，线圈、不可移动的铁心和可以移动的衔铁组成了电磁系统，动接点和静接点组成了接点系统。它作为继电式信号系统或者是电子式、计算机式系统的接口部件，都有着重要的作用。继电器动作是否可靠，关系着信号系统的安全。

　　继电器的主要用途有：1. 扩大范围。比如继电器的控制信号达到定值时候，按照不同方式，可以同时开断和接通电路。2. 放大。比如较灵敏的继电器和中间的继电器，只需要用较小的量，就可控制大功率的电路。3. 综合信号。比如有很多个信号按照规定形式进行多绕组电器输入的时候，通过比较来达到预期。4. 自动检测。比如在自动装置上的继电器，可以和其他电器组成一个程序控制线路，从而实现运行。

　　它的工作原理是通过对线圈通电，然后产生磁通和吸引力，克服衔铁的阻力，然后吸向铁心，带动动接点的动作，使前接点闭合，后面的接点断开。如果继电器吸起，使得电流变小，吸引力下降，衔铁落下，动接点和前接点之间断开，使后接点闭合；如果继电器落下，可以用接通的点，断开电路，形成各种控制，如图 5.3.1。

　　往线圈的两边加上电压，流过电流，会产生电磁效应，衔铁在磁力下会吸向铁芯，带动衔铁两个动接点和静触点闭合。

　　线圈断开点后，电磁没有吸力，衔铁会重新返回原先的位置，这时候动接点和静接点就会释放，这样来回地闭合释放，就达到了电路不断通电—断开的目的。

　　继电器的常开常闭，可以这样区分，在继电器的线圈没有通电时就是静触点，这就是常开触点，在接通的情况下的静触点就是常闭触点。继电器都是有两条电路的，分别是低压电路和高压电路。

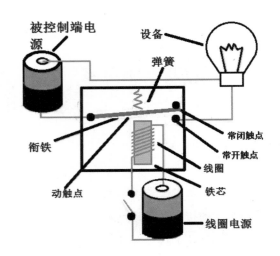

图 5.3.1　继电器工作原理

5.3.2　通用继电器

通用继电器可以分为电气量继电器和非电气量继电器。输入量一旦达到规定值的时候，被控制的电路就会接通或者断开，它们的特点为动作快、寿命长、稳定和体积小。在电力保护、运动、自动化、遥控以及通信测量中都有广泛的应用。

5.3.3　控制继电器

控制继电器属于自动电器，应用于一些远距离的接通和直流较小的控制电路中，在电力控制系统中可以用于保护和转换信号。它的输入量一般是电流和电压的电量，也可能是温蒂以及速度等非电量；输出量是电路的参数变化。它的特点是输出量的变化达到程序的时候，才会发生跳跃式的变化。

5.3.4　保护继电器

保护继电器是在电路出现故障时断电的装置。常见的保护继电器有：热过载继电器、电流继电器、电压继电器、温度继电器等。

5.3.5　电压继电器

电压继电器属于电子控制器件，它可以控制系统以及被控制系统，一般用于自动控制电路中。它的原理是用比较小的电流控制比较大的电流的开关，所以在电路中可以实现自动调节，保护以及转换电路，应用于发电机以及输电线的保护装置中，以保护电压。

电压继电器属于量度继电器，有过电压继电器和欠电压继电器两种。过电压继电器是电压值增加而动作，处于动后状态。欠电压继电器是电压值减少而动作，处于释放状态。

5.3.6　电流继电器

电流继电器是继电保护中常用的元件，它具有简单，迅速、方便。可靠、寿命长的特点，适用于电动机、输电线路以及短路保护中。

电流继电器主要检测电器部件电流的变化，当电流超过一定值时，继电器就会工作，达到保护的作用，如图 5.3.2。

图 5.3.2　电流继电器

5.3.7 时间继电器

时间继电器也是一个非常重要的元件，在控制系统中需要它来延时，它是利用电磁原理或者是通过机械动作来延迟触头闭合或分断的自动控制电器。它的主要特点是：在吸引线圈有信号时到触头动作过程中有延时，适用于用时间函数的电动机的启动控制。

时间继电器可以作为简单控制中的一个执行元件，当收到启动信号时，它就会启动计时，在计时完以后，触头会开或者闭合，以推动后面的电路工作。时间计时器的延时功能是可以调节的，这样可以调节它的时间长短，但是凭时间计时器很难做到闭合后再断开的连续工作。总体来说，多个时间继电器或者中间继电器都是可以的。

随着科技的发展，电子时间继电器已经成为主流。它是用集成电路的数字来显示的时间继电器，有很多种模式，在延长工作时间的同时，具有体积小、方便、寿命长、可靠的特点。

但是在选时间继电器的时候也要注意线圈的电压情况，要按照要求选择延时的方式、精度以及安装方式。

5.3.8 热继电器

热继电器使电流产生热量，使得双金属片通过膨胀发生改变，当形变达到相应的距离时，推动连杆，使得控制电路断开，接触器就会断电，同时主电路断开，电动机得到保护。

热继电器是保护电动机的元件，如图 5.3.3。它的特点是体积小、成本低，因此被广泛应用。热继电器可以用于电动机或者其他设备以及线路保护的电器中。

电动机在运行中，如果机械出现不正常的情况或者是电路异常导致电动机过载，那么电动机的转速就会下降，电流就会增大，绕组温度就会升高。如果过载的电流不大，时间也较短，绕组没有超过允许的温度，这样的过载是可以的。但如果是过载时间长，电流大，绕组的温度就会超过允许的温度值，绕组就会老化，电动机的寿命减少，甚至可能导致绕组烧毁。因此，这种过载电动机无法承受，热继电器利用热效应的原理，在电动机不能承受的时候及时断开电路，为电动机提供保护。

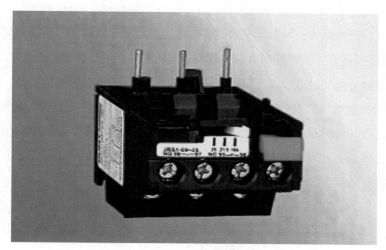

图 5.3.3　热继电器

在使用热继电器进行保护时，将热元件与绕组相连，把热继电器上的常闭触头和交流接触器的电路串联，调节电流旋钮，让人字形拨杆和推杆保持适当距离。在电动机工作时，热元件的电流就是电动机的电流，热元件发热后，双金属片就会形变，使得推杆和拨杆接触，但是又不能推动拨杆，常闭触头闭合，交流接触器吸合，电动机运行正常。

如果电动机过载，绕组的电流增大，使得双金属片的温度升高，双金属片更加弯曲，然后推动人字形拨杆，臂长触头也被推动，使得触头断开，接触器释放，电动机的电源断开，电动机得到保护。

5.3.9　速度继电器

速度继电器的另一个名称是反接制动继电器，它由转子、定子和触点组成，它主要适用于三相异步的电动机的反制动电路中。当三相电源改变后，就会产生转动方向相反的磁场，产生制动力矩。所以，也可以让电动机在制动下减速，在转速为零时，可以断开电源停车。

它的转子是一个永久的磁铁，其与机械轴相连接。随着电动机的旋转而旋转，转子和鼠笼子是相似的，里面有短路条，可以绕着转轴转动。当转子转动时，磁场与短路条切割，产生电流，与电动机的原理一样，所以定子随着转子转动而转动，定子转动带动杠杆，使之闭合切断，电动机的转动方向改变，转子和定子的方向也改变，定子就会接触另外的触点，电动机停止后，继电器的触点机会静止。

继电器与电动机同轴，不管电动机是正转还是反转，常开触点就会有一个是闭合的。电动机开始制动后，联锁触点以及速度继电器的闭合触点，形成相序反接，电动机就会停车。当电动机的转速为零时，常开触点就会切断，电源也会切断，电动机的制动就会结束。

5.4　接触器

5.4.1　接触器的用途及工作原理

接触器有交流接触器以及直流接触器两种，主要用于电力及配电场所。它一般指的是在工业用电中线圈流过产生磁场，触头闭合，达到控制过载的电器。

它主要作用于电动机中，也可以控制工厂的设备等电力过载。接触器在接通和断开电源的同时，还可以低电压释放进行保护。接触器的容量较大，可以接受频繁操作和远距离的操控，在自动控制系统中是比较重要的元件。

接触器是在接触器的线圈通电后产生磁场，磁场使得静铁芯带动动铁芯，同时也带动交流接触器点的动作，使得常开触点闭合，常闭触点断开，使它们联动起来。线圈断电后，磁场就会消失，衔铁释放压力，触点复原，常闭触点闭合，常开触点断开，直流接触器和温度开关的原理大近相同，如图 5.4.1。接触器的文字符号和图形符号如图 5.4.2 所示。

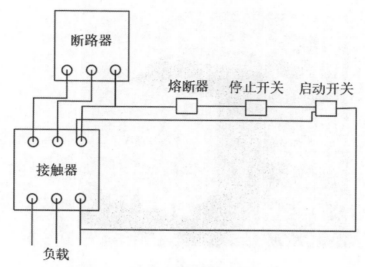

图 5.4.1　接触器工作原理

文字符号：KM

图形符号：

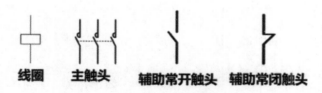

图 5.4.2　接触器的文字符号和图形符号

5.4.2　交流接触器

　　交流接触器用的是双端口灭弧，栅片灭弧以及纵缝灭弧方法，用来消掉动静触头在分合中的电弧，一般容量在 10A 的接触器都装有灭弧。交流接触器还有其他辅助部件，比如反作用弹簧、触头压力弹簧、缓冲弹簧、底座、传动机构以及接线柱等，如图 5.4.3。

图 5.4.3　交流接触器

　　交流接触器是用电磁力和弹簧的弹力相结合，达到触头的接通分断，失电状态和得点状态是交流接触器的两种工作状态。线圈通电后，静铁芯产生磁场，衔铁吸合，带动触头运动，常闭触头接触器得电；线圈断电后，磁场消失，衔铁复开，常开触头随着闭合，接触器处于失电状态，如图 5.4.4。

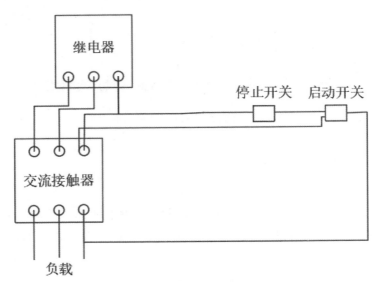

图 5.4.4　交流接触器工作原理

5.4.3 直流接触器

　　直流接触器是指用在直流回路中的一种接触器，主要用来控制直流电路（主电路、控制电路和励磁电路等）。直流接触器和交流接触器的铁芯不同，没有涡流，所以用在软钢或者工业中，由于直流接触器的线圈通的是直流，故没有冲击的电流，不会发生铁芯撞击的现象，使用寿命长，可用于频繁启用的场所。交流接触器和直流接触器的选用可以通过线路的电压和电器目录进行选择，如图 5.4.5。

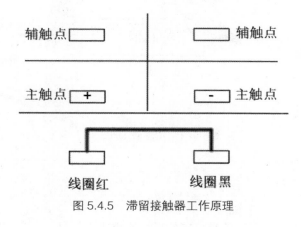

图 5.4.5　滞留接触器工作原理

5.5　传感器

5.5.1 传感器的用途及工作原理

　　向传感器提供 ±15V 的电源，晶体振荡器会产生 400Hz 方波，通过功率放大器可以产生激磁功率电源，利用能源变压器从静止的初级线圈传递到次级线圈，由基准单元产生 ±4.5V 的直流电源。弹性轴受扭的时候，应变信号会放大成 1.5v ± 1v 的强信号，然后通过 V/F 转换器转变为频率信号，最后通过信号变压器从初级线圈传递到次级线圈，再通过外壳的信号处理，就可以提供给频率计显示，或者直接送给计算机处理。

因为这个旋转变压器在动静环之间只有一点空隙，加上传感器轴上的一些其他部分都是密封在金属外壳内，形成屏蔽，所以有比较强的抗干扰能力。

传感器的工作原理如图 5.5.1，将非电学量如角度、位移、速度等数据通过传感器转化为电学量。

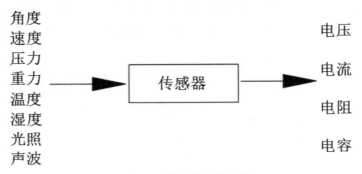

图 5.5.1　传感器工作原理

5.5.2　温度传感器

温度传感器指的是可以感受温度然后转换成输出信号。它是温度测量仪表的核心，品种比较多，按照测量方式可以分为接触式和非接触式，按照制作材料可分为热电阻和热电偶两类。

接触式：它的检测部分可以与被测对象有接触，也可叫作温度计。温度计是通过传导或者对流达到平衡，所以温度计可以直接表示被测对象的温度情况，测量准确度高。在一定范围内，也可测量物体内部的温度，但是对运动的物体会产生测量误差、双金属温度计、雅力士温度计、玻璃液体温度计、电阻温度计、温差电偶以及热敏电阻等都是常用的温度计，它们在工业、商业和农业中被广泛应用。人们日常生活中也常用这种温度计，随着科技的发展，测量 120k 以下的温度计也有所发展，比如低温温度计和蒸气压温度计。低压温度计体积小、稳定性好、准确度高。

非接触式：敏感元件与被测的对象不接触，叫作非接触式测温仪表，它可以用于测量运动的物体、热容量小以及温度变化快的对象的温度，同时也可以测量温度场的温度。

5.5.3　湿度传感器

随着社会的不断变化，人类的生存与活动已经与湿度紧密相关，很难找出一个没有湿度的地方。因为使用领域不同，对湿度传感器的要求也不同，同样，从制作上看，湿度传感器的材料、工艺、结构和性能都有很大的不同，因此价格也是不相同的。

5.5.4　光电传感器

光电传感器可以将光信号转变为电信号，属于"光电效应"。光电效应是当光照在物体上时，电子吸收能量发生的电效应，光电效应分为三类：外光电效应、光生伏特效应和内光电效应。光电管、光敏电阻、光电倍增管、光敏三极管、光敏二极管以及光电池组成了光电器件。

5.5.5　气敏传感器

气敏传感器可以用来检测空气浓度和成分，对环境保护有着重要的作用，它用于各种成分的气体中。由于温度和湿度的变化，再加上有粉尘侵扰，导致使用环境比较恶劣，气体也会和传感元件产生反应，留在元件的表面，导致传感器性能变差。所以，优质的气敏传感器需要满足以下要求：可以检测气体的浓度和其他数值气体的浓度，能够在稳定状态下工作，速度快，产生化学反应的影响小。

第6章

电工的基本技能

6.1 导线绝缘层的剥离

6.1.1 使用剥线钳剥离

剥线钳最主要的作用是在对电路、电机和内部电路等设备进行维修时，剥离电线外侧的绝缘层，主要用于剥各种绝缘电线和电缆芯的绝缘外皮。剥线钳的主要组成部分包括刀口、压丝口和钳柄，如图6.1.1。其中，夹钳手柄套通常带有能承受500V电压的绝缘套管。

图 6.1.1　剥线钳

当剥线钳的手柄被牢牢抓住使其工作时，首先压缩它以拧紧紧固机构。此时，机构不会随意移动。当机构完全夹紧钢丝时，在扭转弹簧上的力逐渐增大，扭转弹簧开始变形，剪切机构开始工作。此时，扭簧上的力不足以将夹紧机构与剪切机构分开。切割机构完全切断电线护套并夹紧切割机构。此时，扭簧上的力增加。当二号扭簧上的力达到一定程度时，扭簧开始变形，夹紧机构和剪切机构分离，从而将电线的绝缘外皮与电线分离，达到剥线的目的，如图 6.1.2。

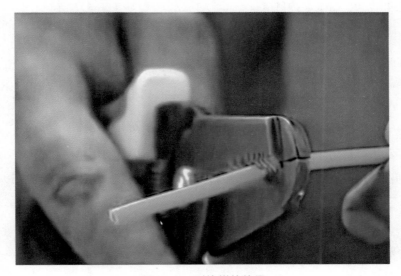

图 6.1.2　剥线钳的使用

剥线钳的具体使用方法如下：

1. 剥线刀片的厚度应根据电缆型号的厚度选择；

2. 将准备好的电缆放在剥线工具刀片的中间，并选择剥线的长度；

3. 用剥线工具夹住电缆，将电缆外表皮剥离；

4. 将电缆取出后，金属整齐的暴露在外面，其余绝缘塑料完好无损；除了注意剥线钳的使用方法外，电工作业时还应注意以下十点：

1. 为了防止钳子与钳子边缘裂开，不要将轻型钳子作为锤子或敲击钳子的手柄；

2. 可以给铰链添加润滑油，延长钳子使用寿命；

3. 如果需要使用更大的剪切力，可以用更大规格的钳子或钢丝钳，而不可以延长手柄；

4. 钳子应远离过热的地方；

5. 螺母和螺钉最好使用扳手；

6. 普通的钳子不能用于剪断钢琴线；

7. 普通钳子手柄上的橡胶套用于增加舒适度，不能用于通电保护；

8. 不要敲钳子的头部或手柄，或用边缘卷曲钢丝；

9. 切电线时，需戴上护目镜；

10. 不要用钳头去卷曲钢丝，以防钳头折断。

6.1.2 使用电工刀剥离

电工刀剥削绝缘层的方法包括单层剥法、斜削法两种。

单层剥法：剥离 4m² 以下单层导线的绝缘层时，尽量使用单层剥法。

斜削法：用电工刀以 45°角切割绝缘层，当切到接近核心时，应停止用力，如图 6.1.3。

在剥离绝缘层时要注意，工作刀的刀刃必须削尖才能使用金属丝。但不要太锋利，太锋利容易割伤电线中的内芯。

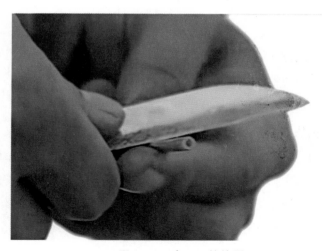

图 6.1.3 电工刀的使用

除了刀片，一些多功能电刀还配有尺子、锯子、剪刀和打开啤酒盖的扳手等工具。电线、电缆的接头常采用塑料或橡胶带等做加强绝缘，这种绝缘材料可以用多功能电工刀的剪刀将其剪断。电工刀上的钢尺也可以用来测量电器的尺寸。

那么，如何正确使用电工刀？

1. 不要用刃垂直于电线切割绝缘层，这样很容易切割线芯。

2. 电工刀的刀片必须在锋利的状态下才能切断电线，但不要过于锋利，否则会割伤芯线。

3. 为了开发双芯护套电线的外绝缘，刀片可以对准双芯电线的中间部分，并将电线切割成两部分。

4. 原木与木质或塑料槽板之间的凹槽可在施工现场用电工刀切割。通常用左手握住圆木，右手握住多功能电工刀锯条，可用于锯木头、竹子、塑料槽板。

5. 如果需要在原木上钻孔，可以先用锥子钻孔，然后用扩孔锥扩大孔，让较粗的钢丝通过。

6. 如果需要在原木上钻孔，可以先用锥子钻孔，然后用扩孔锥扩大孔，让较粗的钢丝通过。

7. 刀口要朝外切，注意不要伤到手指。

8. 使用后，立即将刀片折叠到手柄中。

9. 电工刀的手柄没有绝缘，不能在带电的电线或设备上切割，以免触电。

6.2　导线的连接

6.2.1　导线的各种连接方式

导线通常由铜或铝制成，也可以由银线制成，用于传导电流或导热。导线连接是电工作业的一个基本过程，也是一个非常重要的过程。长期以来，接线质量直接关系到整条线路的安全可靠性。导线连接的基本要求是，被连接部分的电阻值不应大于原导线的电阻值，被连接部分的机械强度不应小于原导线的机械强度。

常用导线的连接方式可分为四种。

1　单股铜导线的直接连接。

（1）小截面单股铜导线的连接方法：先将两根导线的芯线做成"x"形交叉，然后相互缠绕2~3圈，将两根导线拉直，然后将每根电线紧紧地缠绕在另一根芯线上5至6圈，最后切断多余的电线，如图6.2.1。

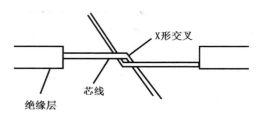

图 6.2.1　单股铜线直接连接法

（2）大截面单股铜导线的连接方法：首先在两根导线的重叠处填入一根直径相同的芯线，然后用一根截面约为 $1.5mm^2$ 的裸铜线紧紧缠绕在上面。最后将分别与导线相连的芯线端头折回，再将缠绕好的裸铜线两端继续缠绕5至6圈，将多余的导线端头剪掉即可。

2　单股铜导线的分支连接。

将分支芯线紧紧缠绕在干芯线上5~8圈，切断多余的线。对于截面较小的芯线，首先在分支芯线上打一个环结，然后紧紧地缠绕5~8圈，最后剪掉多余的导线，如图6.2.2。

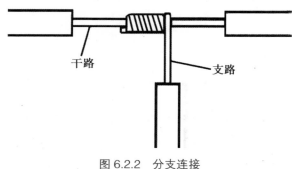

图 6.2.2　分支连接

③ 多股铜导线的直接连接。

首先，将已从绝缘层上拆下的多股芯线拉直，将靠近绝缘层的 1/3 的芯线扭紧，然后将另外 2/3 的芯线以伞形展开，对要连接的另一根导体芯线也进行同样的操作，如图 6.2.3。将两根伞状芯线相互插入，揉搓芯线，将每边的芯线分成 3 组，先把第一套线扭在一边，紧紧缠在芯线上，再把第二套线扭紧缠在芯线上，最后把第三套线扭紧缠在芯线上。用同样的方法把线包在另一边即可。

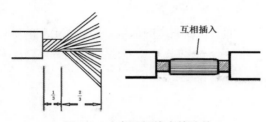

图 6.2.3　多股铜线直接连接

④ 多股铜导线的分支连接。

将分支芯线弯曲 90 度并与干芯线平行，然后缩回线头并将其紧紧地缠绕在芯线上，如图 6.2.4。

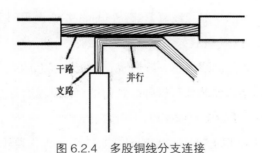

图 6.2.4　多股铜线分支连接

6.2.2　如何连接单股铜芯导线

以单股 7 芯铜导线为例，说明铜导线的接线方法：

1. 将已剥去绝缘层的芯线头铺开拉直,再将芯线拧近绝缘层的 1/3;

2. 将两根伞状线的末端设置在根部和叉之间,并将它们插入底部;

3. 将两边芯线全部捏平,将每根芯线拉直,使每根芯线间距均匀,同时用线钳消除间隙;

4. 在一端,将相邻的两根芯线在距离叉口中心线约 3 根单股芯线的直径宽度处折叠,并形成 90°,将两个芯顺时针缠绕两圈,然后将其折回 90°,平放在前轴上;

5. 将两个靠近横卧位置的纸芯折叠成 90°,将剩余的 3 根芯线绕到第二圈时,分别在根部切断前 4 根芯线,并将其夹平;

6. 将 3 根芯线捆绑 3 圈,切断剩余的末端,夹紧无毛刺的平切。

6.2.3 如何连接多股导线

连接多股导线的方式为:

1. 剥开绝缘层,将两根导线的末端展开成伞状,展开长度为 200~400mm,用钳子夹住并拉直每根电线;

2. 把两把"伞"交叉在一起后,两边合拢,并用钳子敲打,使之紧密结合,分清楚根和根;

3. 在交叉点用均匀的单股裸线紧紧缠绕 50mm 左右,头部和尾部两侧分别用折叠线芯紧密结合,并从结合处挑起一根或两根线芯;

4. 用线芯折叠并紧紧缠绕线芯,缠绕垂直于折叠线芯的中心轴,当成品线芯缠好后再挑起,将它的尾部和芯部与折叠线紧密结合,从结合处挑起一个或两个线芯销,用线芯进行缠绕,重复上述动作以达到连接长度;

5. 将绕好的线芯尾部约 50mm,与同样数量的闭合线芯紧紧绞在一起 30~40mm,也就是末端,多余的部分切掉,然后用钳子把它和线打在一起;

6. 修改接缝,或从交叉中心用另一根均匀的单股线芯缠绕,引出线的末端,将其拉直,并用绝缘胶带包裹。

6.2.4　如何连接导线与接线端子

单股芯线与连接桩连接时，最好将线头折成两股，按要求的长度并排插入针孔，使压紧螺钉牢牢地压在双股芯线中间。如果线头较粗，双股芯无法插入针孔，也可以直接插入单股芯。但是，在将型芯插入销孔之前，它应该在销孔上方稍微弯曲，以避免压紧螺钉稍微松开时螺纹头会出来。

无论是单股芯还是多股芯，插入针孔时一定要插到底，导体的绝缘层不得插入针孔。针孔外的裸线头长度不得超过 3mm，并且应先拧紧孔口再拧紧孔底。

螺纹头与螺纹平压式接线桩的连接，和单芯导线与螺纹平压式接线桩的连接，都是用半圆头、圆柱头或带垫圈的六角头螺钉连接导线。

头部压缩完成连接。对于低负载流量的单股芯线，将头部弯曲成压接环（俗称羊眼圈），然后将单股芯线拧到接线端子上。压接环必须弯曲成圆形，以确保线路和接线端子（接线桩）之间有足够的接触面积，并且不会随着时间的推移而变松或脱落。

面对 7 股和多个横截面不超过 $10mm^2$ 的芯线，首先从绝缘层底部拧出大约 1/2 长度的芯线，根据接头环绞部分的导体弯曲方法，在绝缘层根部外侧 1/3 的角度向左，然后弯曲成圆弧。当圆弧弯曲到 1/4 时向左成为一个圆，其余部分的导体应成直角，将端部捏平卷开，使两端平行于导体，将导体的散开部分按 2 根、2 根、3 根分成三组，将第一组的两根芯线拉起，垂直于导线，但要留出垫片边缘的宽度，按 7 股导线对接自绑法处理即可。

6.3　导线连接后的接口处理

6.3.1　软导线的接口处理

多股软线直线连接时，依次解开多股线芯，将 1/3 芯线紧贴绝缘层拧紧，然后将剩余的 2/3 芯线打开成伞状。需要对接的两根线应该这样处理：每根开路导线的两端应相互插入，并插入每根线的中心，以实现完全接触，如图 6.3.1。

图 6.3.1　电线接口

将明线两端合上，取任意两股同时缠绕 5~6 圈，然后换另外两股，将原来的两股压在内块中或切掉剩余的两股，并缠绕 5~6 圈，再用同样的方法更换两股。

6.3.2　硬导线的接口处理

支线与主线交叉。在芯线根部留出 3~5mm 的裸线后，将支线芯线顺时针方向紧紧缠绕在主线上 6~8 圈，圈子里应该没有缝隙。缠绕后，切断分支铁芯的剩余端。

6.4　电烙铁的焊接和拆焊

6.4.1　电烙铁的使用方法

焊接工艺一般以 2~3s 为宜。焊接集成电路时，应严格控制焊料和焊剂的用量。

为了避免电烙铁绝缘不良或内部加热器感应电压对外壳造成集成电路损坏，实践中经常采用电烙铁电源插头边焊接边焊接的方法。图 6.4.1 所示为使用电烙铁焊接集成电路。

图 6.4.1 焊接集成电路

电烙铁的具体使用步骤如下：

1. 同时熔化烙铁和焊线尖端的少量焊料和松香；

2. 当烙铁头上的助焊剂还没有挥发完时，烙铁头和焊丝同时接触焊点，开始熔化焊锡；

3. 当焊料浸湿整个焊点时，同时移除焊嘴和焊线。

6.4.2　电焊管路

电焊管道以电弧为热源，利用空气放电的物理现象，将电能转化为焊接所需的热能和机械能，从而达到连接金属的目的，如图 6.4.2。主要方法有焊条电弧焊、埋弧焊、气体保护焊等。其中，焊条电弧焊是工业生产中应用最广泛的焊接方法。

图 6.4.2　管道焊接

6.4.3　气焊管路

只有直径小于 80mm、壁厚小于 4mm 的管道才能用气焊焊接。根据设计要求,工作压力在 0.1mpa 以上的蒸汽管道、管径在 32mm 以上的供热管道和高层建筑中的消防管道可采用电焊和气焊焊接。

管道焊接时应采取防风防雨措施。焊接区环境温度低于 −20℃,焊嘴预热,预热温度 100~200℃,预热长度 200~250mm。

管道焊接一般采用对口组对的形式。焊接前,两个管道轴线应对齐,两个管道的端部应先点焊。管径在 100mm 以下的可以点焊三点,管径在 150mm 以上的要点焊四点。

如果管道壁的厚度大于 5mm,则需要在管端焊接处铲坡口。如果用气焊加工坡口,必须清除坡口表面的氧化皮,影响焊接质量的不平处应打磨光滑。

管道与法兰焊接时,先将管道插入法兰,在 2~3 个点进行点焊,然后在焊接前用直尺找平。法兰应在两侧焊接，内焊缝不得突出法兰的密封面。

6.4.4　焊接元器件

电烙铁是用来焊接电气元件的，为了使用方便，通常用"焊丝"作为助焊剂，焊丝一般含有松香焊接。焊丝由大约 60% 的锡和 40% 的铅制成，熔点低。

松香是助焊剂，可以帮助焊接，松香可以直接用，也可以在松香溶液中使用，可以将其粉碎后用酒精打浆。由于酒精是挥发性的，使用后需要拧紧盖子。

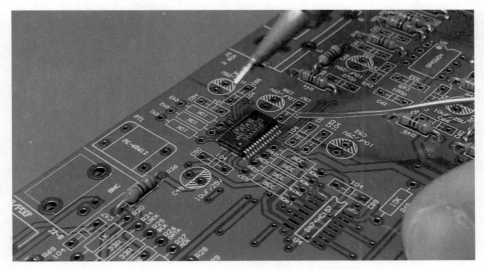

图 6.4.3　焊接元器件

电烙铁捏在手里，使用时要时刻注意安全。购买新烙铁时，用万用表电阻表检查插头和金属外壳之间的电阻值。万用表指针不应移动，否则应彻底检查机身。部分厂家为了节约成本，在生产内热式电烙铁，电源线不是橡胶的，而是直接用塑料线，这样不安全。一定要购买橡胶线的产品，因为它不像塑料线那样容易被烫伤、损坏、短路或触电。

在使用新电熨斗之前，要将熨斗尖端锉平。通电后，尖端的颜色会发生变化，证明熨斗是热的。然后把焊丝放在烙铁的尖端，用锡盖住，这样烙铁就不容易被氧化了。使用时保持烙铁尖端清洁，确保烙铁尖端始终覆盖有焊料。

使用烙铁时，如果烙铁的温度太低而不能熔化焊料，或者焊点没有完全熔化，就会使焊料看起来不美观、不牢靠。温度太高烙铁会"烧"（虽然温度很高，但不能浸锡）。另外，也要控制焊接时间，如果电烙铁停留时间太短，接触不良，焊料不容易完全熔化，往往会形成"虚焊"；如果焊接时间太长，则容易损坏元器件，或者使电路板的铜箔翘起。

通常一个点要在一两秒内焊好，如果没有完成，最好稍等片刻再焊接。焊接时，烙铁不应移动，应选择接触焊点的位置，然后用镀锡烙铁头接触焊点，如图6.4.3。

6.4.5　焊接导线

焊导线的步骤如下：

1. 根据需要，从电线上移除一定长度的绝缘覆盖物；

2. 预焊电线；

3. 用合适直径的热收缩管包裹电线；

4. 扭绞两根或多根电线并焊接；

5. 热缩管趁热串上，在焊接处冷却后，将热缩管固定在导线接头上。

6.5　布线与设备的安装

6.5.1　线缆的明敷与暗敷

适用于室内的线路主要由明敷配线、暗敷配线和混合配线三大类组成。

明敷配线即室内装饰吊顶板，线路沿墙面和顶层安装，或室内装饰吊顶板，而线路沿墙体外表面和屋面板安装，可直接看线路走向敷设方式，如图6.5.1。

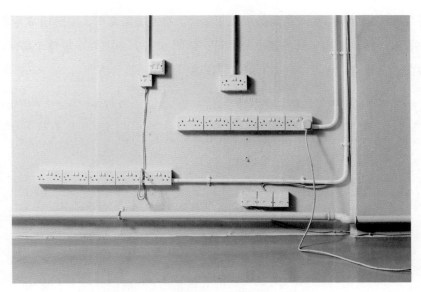

图 6.5.1　明敷

　　暗敷是指线路沿墙壁、装饰吊顶或地板吊顶敷设，不能直接看到线路方向的暗
装布线，如图 6.5.2。施工时，室内照明插座和弱电线路，通过管道固定后，浇注到
水泥板中，浇注后不能更换。

图 6.5.2　暗敷

混合配线是指明敷配线与暗敷配线相结合。在家庭装修中，墙壁通常是开槽的，并通过管道连接到插座、开关或小配电箱，如图 6.5.3。当需要穿过整个房间时，管道通常在地下开槽，也可以利用吊顶或屋顶遮阳角线来接管道。

图 6.5.3　混合配线

6.5.2　照明灯具的安装

灯具安装高度：一般室内安装不低于 1.8m，在危险潮湿的地方安装不能低于 2.5m。如难以满足上述要求，应采取相应的保护措施或改用 36V 低压电源。

图 6.5.4　照明灯具的安装

室内照明开关一般安装在门边容易操作的位置上，拉线开关安装的高度一般为离地 2~3m，转弯开关一般为离地 1.3~1.5m，与门框的距离一般为 0.2m。

明插座的安装高度一般为离地 1.3~1.5m，暗插座一般为离地 0.3m。同一安装高度应相同，高度差不得大于 5mm，成排安装的插座高度差不得大于 2mm。

固定灯具需要接线盒和木制平台等配件。安装木平台前，应预埋木平台的固定件或使用膨胀螺栓。安装时，应先根据电器的安装位置钻孔，锯出线槽（布线清晰时），然后将电线穿过木平台的出线孔，固定木平台，最后安装电缆箱或灯具，如图 6.5.4。

使用螺口灯座时，为避免人身触电，相线（即开关控制的火线）应接在螺丝内部的中心弹簧片上，零线应接在螺丝部分。

吊灯超过 3kg 时，应预埋挂钩和螺栓；软线吊灯重量限制在 1kg 以内。

除此之外，照明设备的接线必须牢固且接触良好。接线时，必须严格区分相线或零线，先经过开关再接到灯头。

6.5.3　插座的安装

普通家用插座一般有双孔和三孔之分。双孔插座安装时应先打开插座盒，然后将两个端子插在插座上，遵循"左零右火"的原则连接零线和火线，最后将插座和底盒牢固连接，如图 6.5.5。

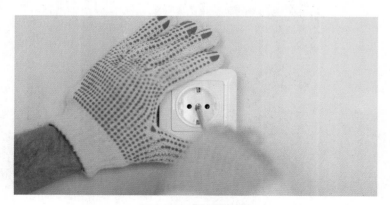

图 6.5.5　插座的安装

安装三孔插座时，面向插座的右孔应连接到火线，左孔连接到零线，中间孔连接到地线。此外，插座盒的嵌入高度通常为离地 0.3m，特殊地方的隐蔽高度不小于 0.15m。

6.5.4　开关的安装

安装开关需要借助许多工具：电笔用于测量火线，小螺丝刀用于紧固开关内部的固定螺丝，电工钳用于切断电线，大螺丝刀用于紧固外部的固定螺丝，如图 6.5.6。

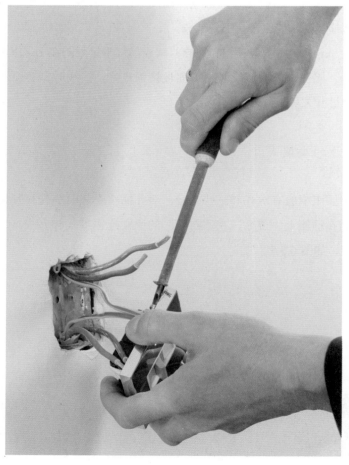

图 6.5.6　开关的安装

准备好相应的工具后，具体的安装过程如下：

1. 打开开关的外盖，松开开关内部的螺钉，直到可以插入电线；

2. 测量墙上的哪条线是火线，注意电笔的正确使用，电笔亮了，就说明是火线；

3. 用电工钳修理电线，根据预留的电线长度进行校正；

4. 根据开关上的字母提示，分别连接对应的线，具体情况如下：

（1）单开关线连接到端口 L，控制线连接到 L1，如果是单开三终端，不要管 L2；

（2）双开关也是同样，火线连接 L，第一盏灯连接 L1，第二盏灯连接 L2；

（3）三开关需要把火线串联起来，也就是 L、L1、L2，然后把三个灯分别连接 L11、L21、L31；

（4）四开关和三开关一样，把导线串联到四根线柱上，然后分别连接四盏灯；

5. 电线接到墙上后，用大螺丝刀将开关的螺孔插入墙壁；

固定，关闭开关盖并安装。

6.5.5　电动机的安装

电机安装前应进行检查，包括电机的编号和铭牌是否完整、电机的出线焊接或压接是否良好、动盘转子转动是否灵活、是否有卡磁现象。如图 6.5.7，为一台完整的直流并励电动机。

检查完毕后确定定子和转子之间的气隙。首先确定转子外圆上的最大半径点 B，将点 A 作为定子任意一点的测量点，依次给转子的磁极编号。拆卸风扇叶片时，制作相同的序列号，并做一个永久标记。通过旋转转子，沿径向测量点 A 和转子磁极之间的距离。离转子上 A 点的最小距离为 B 点，即转子外圆上的最大半径点。以定子上的 10 个点和转子上的 B 点作为测量点。旋转转子，检查点 B 和定子上 10 个点之间的间隙。使用塞尺时，从两侧插入的塞尺应大于磁极宽度的 3/4。定子和转子之间的测量气隙偏差应小于平均间隙值的 5%，上部间隙应比下部间隙小 5%。轴向定位时，定子和转子的磁中心线应相互对齐。

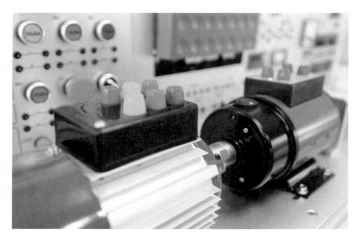

图 6.5.7　直流并励电动机特写

电机气隙检查完，并确认合格后，安装风叶，拧紧所有连接螺栓，紧固锁紧装置。轴承座与电机底座、定子架与底座之间应安装绝缘垫片，螺栓和定位销也应采取绝缘措施，以免感应电流通过轴承而损坏油膜。

调整电机架的水平度，偏差应小于 0.1mm/m；电机与机身对应的中心位置偏差应小于 0.5mm。当使用刚性联轴器时，电机和主轴之间的对准偏差在径向不应大于 0.03mm，在轴向倾斜时不应大于 0.05mm/m。两端轴向间隙应符合技术资料的规定。当使用非刚性联轴器时，应遵循相关技术数据的规定。

采用刚性联轴器将电机连接到压缩机上时，只有在电机轴与压缩机主轴对准合格后，才能用精铰加工联轴器连接螺栓的螺栓孔。螺栓和螺栓孔的过盈量应符合机器技术文件的规定。如无规定，应按 0.0003D 的过盈量（D 为螺栓直径，单位为 mm）进行装置。

电机安装后，定位销应用于定子和底座，同时通风机和风道应按要求完成。

6.5.6　配电设备的安装

配电网的核心设备是变压器，变压器在电压等级转换中起着重要的作用，如图 6.5.8。优质变压器能有效保证配电网的正常稳定运行。安装前，工作人员应首先明确变压器安装位置，并保证相关数据的准确性。安装时，应严格检查变压器部件的外观，损坏的部件应及时处理和更换，并检查变压器上紧固螺栓的质量，防止在搬运和转移的过程中松动，损坏变压器。同时，要确保油箱燃油管路畅通，发现问题及时处理。

图 6.5.8　变压器

另外，运输是变压器损坏概率较高的环节。变压器本身质量较大，尤其是油浸式变压器，其质量一般在 1t 以上，在运输过程中要注意油箱的安全，避免碰撞。搬运变压器前，必须规划搬运路线，针对可能出现的特殊情况制定相应的对策，并进行实际操作，必须持有专业的入场证。在变压器安装过程中，应在良好的天气条件下安装，避免在雷雨天气下运行，并严格按照图纸安装。

配电柜作为 10kV 配电网中最常见的元件设备，应用范围很广，主要分为高压配电柜和低压配电柜两种，其中高压配电柜是配电网中常用的。配电柜的作用是高效地接收和分配电力资源。

配电柜必须固定安装。埋设相关设备时，应注意钢筋的位置，以免影响配电柜的正常安装。在基础段的铺设过程中，必须严格按照设计图纸的要求进行工作，以确保各段的中心线位于正确的位置，并保证后续安装的正常运行。

配电柜为成套设备，元件相对较多，应事先制定合理的运输路线，并注意设备的防潮处理。这是因为水会降低设备的绝缘效果，影响部分元件的刚度，不利于设备的正常安装。在安装阶段，需要严格按照设计图纸的要求提前确定配电柜的型号和规格，从内到外依次检查设备的完整性，并以首次安装完成的配电柜为标准设计其余的配电柜的位置。此外，配电柜一般采用螺栓固定，这是因为螺栓在后期调整更简单。

6.6 各类电子、电器元件的检测

6.6.1 电阻器的检测

本节内容主要针对固定电阻、水泥电阻、保险丝电阻、光敏电阻、电位计等常见类型电阻的检测，如图 6.6.1。

图 6.6.1 电阻器的检测

1 固定电阻的检测。

使用万用表，根据待测电阻的标称尺寸选择测量范围。实际电阻值可以通过将两个测量笔（正或负）分别连接到电阻器的引脚来测量，然后比较被测电阻的允许误差，如果超过误差范围，说明电阻器的值已经改变。

需要注意的是，测试时，被测电阻要从电路上焊下来，以免电路中其他元件影响测试。另外，测试数万欧姆以上的电阻时，不要触摸触针和电阻的导电部分，否则会产生误差。

2 水泥电阻检测。

水泥电阻器实际上是一种固定电阻器，但其结构比普通固定电阻器更复杂。检测方法和注意事项与普通固定电阻完全相同。

3 保险丝电阻检测。

一旦熔断电阻器被打开，其表面可能会被烤焦或变黑。出现这种现象的熔断电阻器，可能会在没有检测到的情况下被判断为损坏。万用表可以用来确定表面没有痕迹的熔断电阻器是好是坏。从电路上焊接一段熔断电阻器，并用万用表 R×1 测量其电阻。如果测得的电阻值为无穷大，则表明熔断电阻器开路失败，电阻标称值的变化是不可用的。

4 光敏电阻检测。

光敏电阻检测可以细分为透光检测法、防光检测法、间歇光检测法三种。

（1）透光检测法：在透光状态下，用万用表接触光敏电阻的两个引脚。如果万用表指针大幅摆动，电阻值会显著降低。该值越小，光敏电阻的性能越好。如果这个值很大或者无穷大，说明光敏电阻内部开路损坏，不能使用。

（2）防光检测法：用一张黑色的纸盖住光敏电阻的曝光量，用万用表测量其电阻值。这时，万用表的指针基本不变，电阻值应该很大或者接近无穷大。值越大，光敏电阻的性能越好。如果该值很小或接近零，则光敏电阻损坏，不能再次使用。

（3）间歇光检测法：将光敏电阻的透光窗口对准入射光，在光敏电阻的窗口上晃动一小块黑纸，使其受到间歇光的照射。如果万用表的指针随着黑纸的晃动左右摆动，说明光敏电阻的光敏特性正常。如果万用表时钟停在某个位置，没有随着黑纸摆动，说明光敏电阻的性能已经退化，不能再使用了。

5 电位计检测。

（1）经验检测法：通过观察电位器的外观和手动实验的感觉来做出判断。正常电位器的外观应无变形、变色等异常现象。手柄应光滑，可用手自由转动，开关应灵活，开关打开或关闭时能听到清晰的声音。否则，就是电位计出现了故障。

（2）万用表测试法：测试时应根据被测电位器的电阻值选择合适的电阻分接头，测试主要分两个方面进行：

①电阻值的检测。用万用表的欧姆档测量电位器"1"和"2"两端的电阻值。对于普通电位器，其读数应为电位器的标称值；如果万用表指针不动或电阻值变化很大，则电位器损坏，不能使用。

②检查电位器的动臂是否与电阻片接触良好。用万用表的欧姆表测量电位器"1"和"2"（或"2"和"3"）两端的电阻值。测量时，逆时针转动电位器轴，然后顺时针转动电位器轴，观察万用表指针。对于普通电位计，当轴逆时针旋转时，电阻值应逐渐减小；顺时针旋转轴时，电阻值应逐渐增加，否则，表示电位计不正常。如果万用表指针在旋转轴时停止或跳动，则表明电位计与激活的电极存在接触不良的故障。

6.6.2　电容器的检测

在检测电容器时，需要注意以下几点：

图 6.6.2　电容器的检测

1. 测量 10pF 以下的小电容时，万用表只能定性检查是否有漏电、内部短路或击穿。测量时，可选用万用表 R×10K 档。电容的两个引脚可以分别用电表和笔随机连接，电阻值应该是无穷大。如果电阻值（指针向右摆动）为零，则表明电容器泄漏损坏或内部击穿。

2. 如果测试 10pF–10000pF 的固定电容是否有充电现象，来判断好坏，万用表可采用 R×1K 档。两个晶体管的 β 值都在 100 以上，电流穿透小，可以选择 3DG6 等类型的硅三极管组成复合管。万用表的红色和黑色表笔分别与复合管的发射极 e 和集电极 c 相连。由于复合三极管的放大作用，被测电容的充放电过程被放大，使得万用表指针的摆幅增大，便于观察。

3. 在测试操作的过程中，特别是测量小容量的电容时，应反复改变被测电容的引脚，使其接触 A、B 两点，以便能清楚地看到万用表指针的摆动。对于 0.01F 以上的固定电容，可以用万用表的 R×10K 档直接测试电容是否在充电，是否存在内部短路或漏电，根据指针向右摆动的幅度来估算电容的容量。

4. 由于电解电容器的容量比一般固定电容器的容量大得多，所以在测量过程中应针对不同的容量选择合适的范围。根据经验，1 到 47F 之间的电容可以在 R×1k 档中测量，大于 47F 的电容可以在 R×100K 档中测量。

5. 将红色表笔连接到万用表的负极，将黑色表笔连接到万用表的正极，如图 6.6.2。在接触的瞬间，万用表的指针会以较大的偏斜度向右转动（同一电气块，容量越大，摆幅越大），然后逐渐向左转动，直到停在某个位置。此时，电阻值为电解电容的正向泄漏电阻，略大于反向泄漏电阻。实践经验表明，电解电容器的泄漏电阻一般应在几百 kΩ 以上，否则，将不能正常工作。在测试中，如果正反都没有带电现象，即手表指针不动，那么电容消失或内部电路；如果测得的电阻值很小或为零，则表明电容器有较大的泄漏或击穿损坏，不能再次使用。

对于正负极标记未知的电解电容器，可以用上述测量泄漏电阻的方法来区分。首先，任意测量泄漏电阻，记住它的大小，然后通过改变表笔来测量一个电阻值。在两次测量中，第一次的电阻值是正极连接，即黑色表笔连接正极，红色表笔连接负极。用万用表电阻档，用正负电荷换电解电容的方法，根据右边振荡幅度的大小，可以估算出电解电容的容量。

7. 对于可变电容器的检测，用手轻轻旋转旋转轴，应该感觉非常顺滑，没有松动、紧密甚至有时卡住的感觉。当加载轴向前、向后、向上、向下、向左、向右等方向推动时，转轴不应松动。

8. 用一只手转动转轴，用另一只手轻轻触摸转子组的外缘时，应该感觉不到松动。转轴与动盘接触不良的可变电容不能再使用。

9. 将万用表置于 R×10K 档，用一只手将两支表笔分别与可变电容的动、定片的前端连接，用另一只手缓慢地来回转动转轴几次。万用表的指针应停留在无限远的位置。在转轴转动的过程中，如果指针有时指向零，说明动、定件之间存在短路点。如果遇到某个角度，万用表读数不是无穷大而是出现某个电阻值，说明可变电容的动、定部分之间有泄漏。

6.6.3　电感器的检测

电感器的检测可以采用直流电阻测量法、通电检查法、仪器检查三种方式进行。电感器的检测如图 6.6.3。

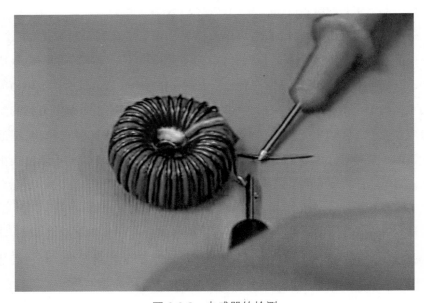

图 6.6.3　电感器的检测

1 直流电阻测量法。

利用万用表的电阻档可以测量天线线圈、振荡线圈、中间线圈和输入、输出变压器线圈的直流电阻值，从而判断这些电感的质量。测量天线线圈、振荡线圈时，量程应放在 R×10Ω 档。将测得的电阻值与维护数据和积累的经验数据进行比较，如果非常接近，说明被测部件正常，如果电阻值远小于经验数据，则表明线圈存在局部短路。如果指针指示电阻值为零，则线圈短路。

2 通电检查法。

可对电力变压器通电，检查二次电压是否下降。如果次级电压下降，则有可能是次级（或初级）存在局部短路的情况。当通电的变压器迅速发热或有烧焦的气味、冒烟等现象时，就可以确定变压器一定有局部短路的情况。

3 仪器检查。

可用高频 Q 表测量电感及其 Q 值，或用电感短路表判断低频线圈局部短路现象。兆欧表可用于测量一次和二次电力变压器之间的绝缘电阻。

6.6.4　二极管的检测

二极管的故障主要是开路、短路和稳压。在这三种故障中，前者故障时表现为电源电压升高；后者发生在电源电压变低至 0V 或输出变得不稳定时。

将万用表点进蜂鸣器二极管档，红色表笔接二极管正极，黑色表笔接二极管负极，如图 6.6.4。此时，测量二极管的正导程电阻值，即二极管的正压降值。

测试时需注意，用数字万用表测试二极管时，红色表笔接二极管正极，黑色表笔接二极管负极。此时，被测电阻值为二极管的正导通电阻值，与指针式万用表正好相反。

图 6.6.4　二极管的检测

6.6.5　三极管的检测

三极管的检测包括三点，分别是基极与管子的类型如何鉴别、集电极如何兼备、电流放大系数 β 如何估算。三极管的检测如图 6.6.5。

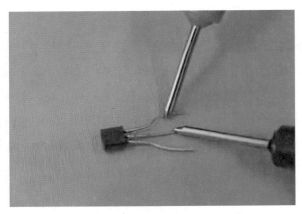

图 6.6.5　三极管的检测

1 基极与管子的类型如何鉴别。

选择欧姆的 R×100（或 R×1K）档，用黑色表笔连接第一个引脚，用红色表笔连接第二个引脚，进行测量后可以得出一组电阻值；然后用黑色表笔连接第三个引脚，进行测量后也可以得出一组电阻值；然后再换一个引脚用黑色表笔连接，进行测量后又可以得出一组电阻值。对比三组电阻值，与其中电阻值最小的一组连接的黑色表笔所对应的是基极，管子是 NPN 型。如果将上述检测方法中不断调换引脚连接的黑色表笔换成红色表笔，红色表笔换成黑色表笔，在检测步骤不变的情况下，对应测得三组电阻值中最小一组电阻值的红色表笔连接的为基极，管子是 PNP 型。

2　集电极和发射极如何鉴别。

通常，对于三极管集电极和发射极的鉴别，会依据管集电极和发射极进行正反连接时，表针摆动幅度的大小做出判断。也就是说，当我们不知道哪个是集电极，哪个是发射极时，可以先假设一个是集电极。如果是 NPN 型三极管，则用欧姆档的红色表笔接集电极，黑色表笔接发射极。测量开始后，需要用手指同时捏住集电极和发射极，让两者始终不能触碰。观察表针变化情况，如果摆动幅度小，而将集电极和发射极对调后表针摆动幅度大，则说明假设不成立，换句话说，之前假设的集电极实际上是发射极，另一个则是集电极。

3　电流放大系数 β 如何估算

对于电流放大系数 β 的估算，往往也是通过观察表针的摆动幅度得出大小的。如果选用的是 NPN 型管，用欧姆档 R × 100（或 R × 1K）的红色表笔接发射极，黑色表笔接集电极。测量开始后，需要用手指同时捏住集电极和发射极，让两者始终不能触碰，观察表针的摆动幅度；松开手指，再次观察表针的摆动幅度。对比两次表针的摆动幅度，摆动幅度越大，说明电流放大系数的 β 值越高。

6.6.6　开关的检测

将万用表转到欧姆档，即转到锡罐的 Ω 符号上，用两支笔和两个端子测试开关，并记录开关时间，如表无反应则表明开关断开。

6.6.7　保护器的检测

虽然有些电路图不太复杂，但如果不从电路原理上掌握它们的连接规律，就很难诊断出电路故障。所以，要想成功地修理常见的电气设备，就必须了解和掌握电气原理图，尤其是初学者，要学会阅读电气原理图。

6.6.8 继电器的检测

继电器的检测方法一般是通过万用表的电障测量控制部分线圈的电阻是否符合标准。

在继电器不通电的状态下，用万用表的电障测量触点（输出端）是否接通。如果打开，表示继电器损坏，应更换继电器。

6.6.9 接触器的检测

接触器主要分为交流接触器和 DC 接触器，两者都可以用万用表检测。

1 检测接触器线圈。

检测接触器时，将万用表置于 R×100 或 R×1K 档。两个仪表笔（正极或负极）分别连接到接触器线圈的端子，万用表指针要有一定的电阻值。

如果万用表指针指示电阻为 0，则接触器线圈短路；如果万用表指针指示电阻无穷大，则接触器断开。以上两种情况都表明接触器已经损坏。

2 接触器的接触检测。

检测方法是用规定的工作电压连接接触器线圈，用万用表 R×1K 分别检测每对触头的通电情况。

如果不施加工作电压，接触器的常开触点不工作，常闭触点导通。施加工作电压时，应能听到接触器的吸合声，常开触点工作，常闭触点不导通，否则表明接触器损坏。

3 测试接触器的绝缘性能。

检测接触器时，将万用表置于 R×10K 或 R×1K 档，测量接触器各触头之间的绝缘电阻，以及各触头与线圈接线端之间的绝缘电阻，应为无穷大。

如果被测接触器有金属外壳或外壳上有金属部件，还应测量每个端子和外壳之间的绝缘电阻，且绝缘电阻应为无穷大；否则，表明接触器绝缘性能差，不能使用。

第7章
电工识图的一些技巧

7.1 电气图识读的基本要求以及步骤

7.1.1 识读电气图的基本要求

掌握和读懂电气图是识读电气图的基本要求，也是电工初学者们必备的基础知识。识读电气图首先要从电路的原理上来掌握其连线的规律，如果不这么做，那么即使是那些简单的电气图，都很难去做好，诊断线路的故障也会变得比较困难。所以，想要快速修好电气设备，就要先掌握并读懂电气图。

下面是几种比较基础的识读电气图的方法，其主要内容如图 7.1.1 所示。

1 根据电工和电子技术的基础知识来识图。

具备电工和电子技术的理论知识是能够准确、快速地识读电气图的基本条件，像电子电路、电子拖动、电子照明、输变配电、仪器仪表，包括家电产品等这些所有的电路方面，其修改、识别都是在具备电工和电子技术理论知识的基础之上的。

三相电源的相序能够决定电动机的旋转方向，这个原理在很多方面都有所运用。例如，控制三相笼型的异步电机进行正转和反转，就是这个原理。使用两个接触器或者使用倒顺开关来进行切换，从而改变其电动机输入的电源相序，最后使电动机的旋转方向变成符合电路运行的样子。

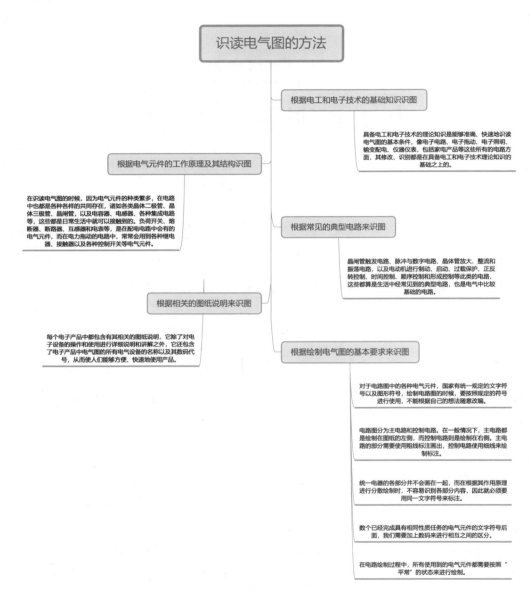

图 7.1.1　识读电气图的方法

2 根据电气元件的工作原理及其结构来识图。

在识读电气图的时候，因为电气元件的种类繁多，在电路中也都是各种各样的共同存在，诸如在电子电路中常常被人们使用的各类晶体二极管、晶体三极管、晶闸管，以及电容器、电感器、各种集成电路等，这些都是日常生活中就可以接触到的。像负荷开关、熔断器、断路器、互感器和电表等，这些都是在配电电路中会有的电气元件，而在电力拖动的电路中，常常会用到各种继电器、接触器以及各种控制开关等此类电气元件。

所以，我们也需要对这些电气元件做基本的了解。例如，每一个电气元件的工作原理、结构，以及它们各自的性能、相互控制关系都要清楚明白，这样才能知道它们在整个电路中所处的地位和作用，才能够更好地识读出电气图。

③ 根据常见的典型电路来识图。

晶闸管触发电路、脉冲与数字电路、晶体管放大、整流和振荡电路，以及电动机进行制动、启动、过载保护、正反转控制、时间控制、顺序控制和形成控制等此类的电路，这些都算是生活中经常见到的典型电路，也是电气中比较基础的电路。

看起来虽然有些复杂和难懂，但百变不离其宗，大部分的电路基本上也都是由这些个若干的典型电路组合而成的。因此，掌握住这些典型的电路，就能够对其他的电路进行解析，在识别其他比较复杂难懂的电路图时，能够很快的分清楚图中电路的主次关系，看清电路图中所存在的主要矛盾，抓住重点，轻松地对其进行修正。

④ 根据相关的图纸说明来识图。

每个电子产品中都包含有其相关的图纸说明，它除了对电子设备的操作和使用进行详细说明和讲解之外，它还包含了电子产品中电气图的所有电气设备的名称以及其数码代号，从而使人们能够方便、快速地使用产品。此外，也能够使电工准确地从中了解到该电气图里包含了哪些电子设备，其存在非常重要，且不可或缺。

在通过图纸说明了解到电气设备的数码代号之后，我们就可以迅速地在电路图中找到想找的电子设备，从而再进一步找出设备电路间的相互连线和相互控制的关系，并发现该电路的构成和它所具有的特点。这样，我们就能便捷地识别并读懂该电气图。

⑤ 根据绘制电气图的基本要求来识图。

为了加强图纸的规范性、通用性以及适宜性，便对电气图的绘制提出并制定了一些基本的要求和规则，可以使我们能够更加准确地识读电气图。

绘制电气图的基本要求包括以下几点：

（1）对于电路图中的各种电气元件，国家有统一规定的文字符号以及图形符号，而我们在进行电路图绘制的时候，就要按照规定的符号进行使用，不能根据自己的想法随意改编。

（2）电路图分为主电路和控制电路，在一般情况下，主电路都是绘制在图纸的左侧，而控制电路则是绘制在右侧。在绘制的过程中，主电路的部分需要使用粗线标注画出，控制电路使用细线来绘制标注。

（3）统一电器的各部分需要使用同一文字符号来进行标注，因为其各部分并不会画在一起，而在根据其作用原理进行分散绘制时，不容易识别各部分内容，因此就必须要用同一文字符号来标注。

（4）同上面说的一样，在几个已经完成具有相同性质任务的电气元件的文字符号后面，我们需要加上数码来进行相互之间的区分。

（5）在电路绘制过程中，所有使用到的电气元件都需要按照"平常"的状态来进行绘制。

7.1.2 识图的基本步骤

在进行电气识图时，需要依次对电气图上的内容进行阅读和了解。通常情况下，识读电气图要按照"设备说明书→图纸说明→主标题栏→系统图或框图→电路图→接线图"的流程来进行，如图7.1.2。

1 对设备说明书的阅读和了解。

想要了解设备的机械结构、电气传动方式和电气控制的要求，或者想了解各种按钮、开关、熔断器等的作用，就需要仔细地阅读和了解设备的说明书。同时，我们也能够通过设备的说明书了解到电动机和电气元件的分布情况，以及设备的使用操作方法。

2 对图纸说明的阅读和了解。

图纸说明通常包括图纸的目录、技术说明、元器件明细表和施工说明等内容。查看图纸说明，并了解图纸上关于电子设备的基本情况，就能够更清晰地了解该次施工的要求及设计的内容。因此，阅读和了解图纸说明是进行识读电气图的首要前提。

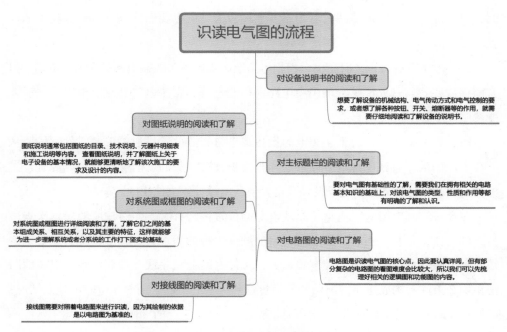

图 7.1.2　识读电气图的流程

③ 对主标题栏的阅读和了解。

要对电气图有基础性的了解，需要我们在拥有相关的电路基本知识的基础上，对该电气图的类型、性质和作用等都有明确的了解和认识。而这就需要我们在认真仔细地阅读完图纸说明之后，对其主标题栏进行详读，了解其中电气图的名称，并熟记主标题栏中有关电气图的内容。

④ 对系统图或框图的阅读和了解。

在进行完以上的操作之后，我们对图纸说明便有了一定了解，而要更加深入地了解其整个系统或者分系统的情况，就要进行对系统图或框图的详细阅读和了解。了解它们之间的基本组成关系、相互关系，以及其主要的特征，这样就能够为进一步理解系统或者分系统的工作打下坚实的基础。

⑤ 对电路图的阅读和了解。

为了进一步理解系统或者分系统的工作原理，我们还需要对电路图进行仔细地阅读，对其能够有一定的了解。因为电路图是识读电气图的核心点，因此要认真详阅，但有部分复杂的电路图的看图难度会比较大，所以我们可以先梳理好相关的逻辑图和功能图的内容。

在对电路图进行识读时，可以根据电路图的主电路和控制电路分别进行查看，但其前提需要我们首先能够分清楚主电路和控制电路、交流电路和直流电路，之后才能按照顺序分别查看。

在查看主电路时，通常从用电的设备来进行查看，然后通过控制元件，依照从下往上看的顺序看往电源的方向。这样进行识读时，我们就能够搞清楚电源是经过哪些元件才到达负载的，电子设备又是如何从电源处取电使用的。

在查看控制电路时，通常是先从电源的位置进行查看，而后按照顺序依次查看各条的回路，是从上而下、从左向右看的顺序进行的。在其过程中，我们还要搞清楚控制电路中的回路构成、控制关系、各元件之间的顺序或互锁等联系，以及回路是在什么条件下构成通路或断路的。通过这些关系分析出它们对主电路的控制情况，以及各回路元件的工作状况，这样就能全面了解整个系统的工作原理。

6 对接线图的阅读和了解。

接线图需要对照着电路图来进行识读，因为其绘制的依据是以电路图为基准的。

查看接线图首先需要搞清楚，每一个元件都是如何通过连线来构成闭合回路的，同时还要根据端子的标志、回路标号，依照顺序从电源端一路查下去，搞清楚线路的走向以及电路的连接方法。

在对接线图进行识读时，同上面所述的一样，也需要查看主电路和控制电路。同看电路图时有所不同，在看主电路时，需要从电源的输入端开始，按顺序经过控制元件和线路，最后到达用电的设备处。而在查看控制电路时，则需要按照元件的顺序对每个回路进行分析，从电源的一端到电源的另一端。

接线图大多都是采用单线进行表示，对于导线的走向需要加以辨认，所以在接线图中，原则上线号相同的导线都是可以接在一起的，而它的线号就是电气元件间导线连接的标记。同时，我们还要搞清楚端子板内外电路的连接情况。

7.2　电气图的组成部分

7.2.1　电气图的组成

1 电路。

电路是电气图的主要构成部分，电路形式结构多样，使用也极为普遍和常见。电路有多方面的作用，如图 7.2.1。通常来说，电路的使用要么是用来进行信息的传递或者处理，要么就是进行对电能的转换、传输以及分配，涉及电气图的就是后者的使用。

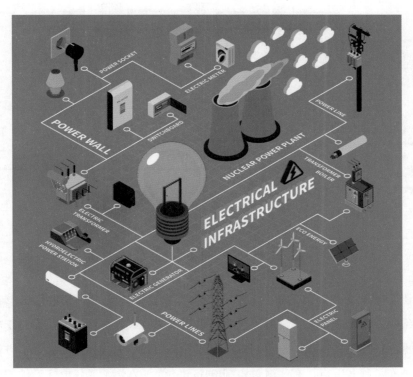

图 7.2.1　电气基础设施等距流程图

电能的转换、传输以及分配的电路，又可以分为主电路和辅电路这两部分。首先，主电路一般包括发电机、变压器、接触器、熔断器、开关和负载等，它是由电源向负载进行输送电能的电路，也被称作是一次回路。那么辅助电路就被称作是二次回路，一般包括继电器、指示灯、仪表、控制开关等，它是用来保护、控制、检测和指示主电路的一种电路。一般由于通过主电路的电流较大，因此其导线的线径都比较粗，相对的，经过辅助电路的电流也比较小，所以其导线的线径也就比较细，如图 7.2.2。

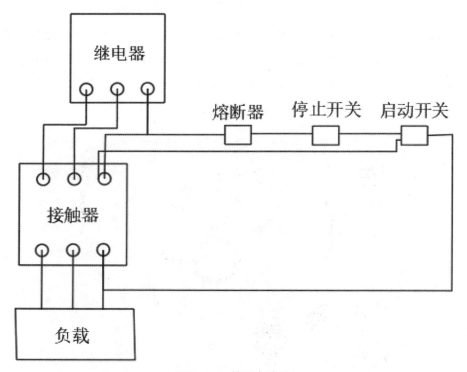

图 7.2.2　简易电路图

对于不同架构和外形的电气元件，国家都以统一的规定对其进行图形和文字符号的编辑，以此来区分不同种类、规格以及安装方式的电气元件。而对于电路的绘制，也要根据不同用途的电气图来绘制成各不相同的形式，例如：为了方便了解电路的工作过程和特点，有些就只绘制电路图；为了方便了解各电气元件的安装位置和配线的方式，有一部分就只绘制装配图，但对于比较复杂的电路，一般还会绘制安装的接线图。有时候为了供生产部门和用户使用，还要绘制分开表示的接线图（俗称展开接线图）和平面布置图等。图 7.2.3 所示为具有科技线条感的电路图，用以展示电路图效果。

图 7.2.3　电路图科技线条

2　技术说明。

技术说明是指电气图中的元件明细表以及文字说明，技术说明是电气图中重要的一部分，用来讲解、说明里面所使用到的技术知识。

通常在电路图的右上方就是它的文字说明，它常常用来标注电路中存在的某些要点和其安装的一些要求等，如果文字说明占比太多，则另外附页来进行说明。

元件明细表通常都是表格的形式，一般都写在电路图的标题栏上方，按照自上而下的顺序来编排表格中的序号，经常是用它来列出电路中元件的名称、规格、符号和数量等内容。

3　标题栏。

标题栏是电路图的重要技术档案，一般它的位置在电路图的右下角，它是用来标注工程的名称、图名和图号，还包括项目的设计人、制图人、审核人以及批准人的签名和日期等。同时，在标题栏的栏目中进行签名的人，要对图中的技术内容承担相应的责任。

7.2.2 电气图画幅的要求

电气图画幅中各部分的要求如下：

电气图图纸的格式要求为：图纸的左边需要预留装订的边幅，而右边则不留，完整的图纸的图面需要有标题栏、会签栏、边框线、图框线等内容。

电气图图纸的幅面尺寸要求为：图纸的幅面是由边框线所围成的图面，其尺寸共分为五类，如：A0、A1、A2、A3、A4 等。其中，A3 和 A4 尺寸的图纸可以根据需要来进行加长，而另外三个则不可以加长。

电气图图纸的标题栏要求为：我国目前还没有对标题栏的格式进行统一规定，同时，各个设计单位的标题栏格式可能也会有所不同，因此并没有严格的格式规范。标题栏一般位于图纸的右下方，是用来确定图纸的名称、图号、张次、更改和有关人员签署的内容的栏目，通常又会被称为图标。

电气图图纸的图幅分区要求为：对于一些幅面较大、内容复杂的电气图，为了方便在读图或更改图的过程中，能够迅速地找到相应的部分，这时就需要对其进行分区。图幅分区的方法就是将图纸相互垂直的两边各自加以等分。为了使图纸上的内容在图上的位置可被快速确定，分区的数目视图就被要求每边都必须为偶数，且视其复杂程度而定。竖边方向的分区代号从上到下使用大写的拉丁字母进行编号，横边方向的分区代号从左到右使用阿拉伯数字来编号。

电气图图纸的绘图比例要求为：最常用的比例为 1：100，即图纸上图线长度为 1，其实际长度为 100。但大部分的电气图都是采用图形符号绘制的，而不是按比例的，因此就要根据按比例绘制的位置图，也就是施工平面图、电气构建详图来做，通用的缩小比例系数为 1：10、1：20、1：50、1：100、1：200、1：500。在标注尺寸时，在标题栏比例一栏中选用比例的注明，不论最后选用的是放大比例还是缩小比例，都必须是物体的实际尺寸。

电气图图纸的图线要求为：图线的不同线型、线宽，必须是绘制电气图中所用到的各种的线条。

电气图图纸的指引线要求为：用来指示注释的对象的线就是电气图图纸中的指引线，其末端需要根据对象不同来加注不同的标记，且其末端指向被注释处。

电气图图纸的中断线要求为：在电气图图纸中，断线的使用往往是为了简化制图。

7.3　电气图符号的含义

7.3.1　电气图的常见符号

SR：沿钢线槽敷设

BE：沿屋架或跨屋架敷设

CLE：沿柱或跨柱敷设

WE：沿墙面敷设

CE：沿天棚面或顶棚面敷设

ACE：在能进入人的吊顶内敷设

BC：暗敷设在梁内

CLC：暗敷设在柱内

WC：暗敷设在墙内

CC：暗敷设在顶棚内

ACC：暗敷设在不能进入的顶棚内

FC：暗敷设在地面内

7.3.2　文字符号

电气图中常见的辅助文字符号如表 7.3.1 所示。

表 7.3.1　文字符号

序号	名称	符号	序号	名称	符号
1	电流	A	29	低，左，限制	L
2	交流	AC	30	闭锁	LA
3	自动	AUT	31	主，中，手动	M
4	加速	ACC	32	手动	MAN
5	附加	ADD	33	中性线	N
6	可调	ADJ	34	断开	OFF
7	辅助	AUX	35	闭合	ON
8	异步	ASY	36	输出	OUT
9	制动	BRK	37	保护	P
10	黑	BK	38	保护接地	PE
11	蓝	BL	39	保护接地和中性线共用	PEN
12	向后	BW	40	不保护接地	PU
13	控制	C	41	反，由，记录	R
14	顺时针	CW	42	红	RD
15	逆时针	CCW	43	复位	RST
16	降	D	44	备用	RES
17	直流	DC	45	运转	RUN

续表

序号	名称	符号	序号	名称	符号
18	减	DEC	46	信号	S
19	接地	E	47	启动	ST
20	紧急	EM	48	置位，定位	SET
21	快速	F	49	饱和	SAT
22	反馈	FB	50	步进	STE
23	向前，正	FW	51	停止	STP
24	绿	GN	52	同步	SYN
25	高	H	53	温度，时间	T
26	输入	IN	54	真空，速度，电压	V
27	增	ING	55	白	WH
28	感应	IND	56	黄	YE

7.3.3　项目代号

什么是项目代号？项目代号是由几个代号段组成的。项目代号是每个表示元件或其组成部分的符号都必须进行标注的一种特定代码。同时，它可以将不同的图、图表、表格、说明书中的项目和设备中的项目相互联系上，能够识别图、图表、表格和设备上的项目种类，并提供项目的层次关系、实际位置等信息。

除了项目代号外，相关的名词还有高层代号、种类代号、位置代号、端子代号。

高层代号是一个完整的系统或成套设备中任何较高层项目的代号。例如：在 S1 系统中，它的开关是 Q2，这样可以表示为 =S1–Q2，那么其中的 "S1" 就称为高层代号。

种类代号就是用来识别项目种类的代码，在绘制电路图或逻辑图等电气图时，我们通常要确定项目的种类代号。下面是确定项目种类代号的几种方法：

第 1 种方法：使用字母代码和图中每个项目规定的数字组成，这种的字母代码所选择的种类通常代表一些特征动作或者作用，一般也被称为功能代号，它可以在图上或其他文件中说明该字母代码及其表示的含义。例如：— K2M 表示的是具有功能为 M 的、序号为 2 的继电器。在需要增加功能代码的情况下，为了避免混淆，处于复合项目种类代号中间的前缀符号必须加上。

第 2 种方法：只使用数字序号来表示。例如，数字序号 –2、–4、–6 等，就是将每个项目都规定一个独有的数字序号，并把这些序号同它所代表的项目排列成表放在图中或附在另外的说明中。

第 3 种方法：只使用数字组来表示。例如，在多种继电器并存的电气图中，时间继电器使用 11、12、13 ……表示。就是将每一个不同种类的项目进行分组和编号，并把项目排列成表置于图中或者附在图后。

位置代号是一个项目在进行组件、设备、系统或者实际建筑中所在的位置的代号，在使用位置代码的时候，需要给出表示该项目具体位置的示意图，而位置代码一般是由数字或者拉丁字母自行规定组成。

端子代号是项目代号的一部分，缺失端子代号的就不是完整的项目代号。在一般情况下，端子代号是由数字或大写字母组成的，例如 "–Q3：B"，表示隔离开关 Q3 的 B 端子，但在特殊的情况下，也可以使用小写字母来表示。同时，当项目具有接线端子标记时，端子代号必须与项目上端子的标记相一致。

需要说明的是，在设备中的任一项目均可用高层代号和种类代号来组成一个项目代号。同时，它还可以由位置代号和种类代号来进行组合，也可以先将高层代号和种类代号组合，然后再加上位置代号，最后来提供出项目实际安装的位置。

7.3.4 回路标号

电气图中常见的回路符号如表 7.3.2 所示。

表 7.3.2　直流回路数字标号组

回路名称	数字标号组			
	一	二	三	四
正电源回路	01	101	201	301
负电源回路	02	102	202	302
合闸回路	03~131	103~131	203~231	303~331
绿灯或合闸回路监视继电器回路	05	105	205	305
跳闸回路	33~49	133~149	233~249	333~349
红灯或跳闸回路监视继电器回路	35	135	235	335
备用电源自动合闸回路	50~69	150~169	250~269	350~369
开关器具的信号回路	70~89	170~189	270~289	370~389
事故跳闸音响信号回路	90~99	190~199	290~299	390~399
保护及自动重合闸回路	01~099（或 J1~J99）			
机组自动控制回路	401~599			
励磁控制回路	601~649			
发电机励磁回路	651~699			
信号及其他回路	701~999			

7.4 常见电气图的类型及识图技巧

7.4.1 电气图的种类

电气图包括系统图或框图、电路图、功能图、逻辑图、功能表图、等效电路图、程序图、设备元件表、端子功能图、接线图或接线表、数据单、简图或位置图等。其含义分别如下：

1. 系统图或框图：电气图中表述系统或者分系统之间的相互关系、系统的基本组成和其主要特征的一种简略图，系统框图内通常使用的是符号或者带有系统的注释。

2. 电路图：电路图是电气图中的核心，其位置不可或缺，是用来方便人们详细理解电路中的一些作用原理，以及分析和计算电路特性的简图。通常情况下，电路图使用的是图形符号，同时还需要按照工作的顺序来进行排列，电路图详细地表示了电路、设备或成套装置的全部组成和连接关系，但并不考虑其实际位置。

3. 功能图：它是绘制电路图或者其他有关图的基本依据，其所表示的是一种处于理想状态或者只是表示理论的电路，而不涉及实现方法的一种图。

4. 逻辑图：逻辑图主要是使用二进制逻辑，即便是"与、或、抑或"等逻辑的单元图形符号来进行绘制的一种图。与功能图不同，逻辑图涉及了实现的方法，而那些只表示功能而不涉及实现方法的逻辑图则是纯逻辑图。

5. 功能表图：是对功能图的一种图表形式，功能表图表示着控制系统的作用和状态。

6. 等效电路图：是表示 R、L、C 等此类元件之间的连接关系的一种功能图，同时它表示的是那些理论的或理想的元件。

7. 程序图：是用来详细表示程序中的程序单元和其程序片，以及两者之间相互连接的关系的一种简图。

8. 设备元件表：它是概括了电气图中所用到的全部设备、元件的列表清单，其中含有设备元件的相应数据，以及其表示各组成部分的名称、型号、数量和规格等内容。

9. 端子功能图：它是使用了功能表、图表或者文字来表示其内部功能的一种图，表示其功能单元的全部外接端子。

10. 接线图或接线表：它是用来对设备装置进行接线和检查的一种简图或是表格，是表示成套的装置、设备装置的连接关系。其中又分为以下几点：

（1）单元接线图或单元接线表，是表示成套装置的连线关系的一种接线图或接线表，同时也表示设备中一个能在各种情况下独立运行的组件，或某种组合体连接关系的一种接线图或接线图表。

（2）互连接线图或互连接线表。同单元接线图不一样，互连接线图或互连接线表所表示的是成套装置或设备的不同单元之间的连接关系。

（3）端子接线图或端子接线表。和端子功能图不一样，在同样表示成套装置或设备的端子之外，它必要时能够包括内部、外部都可以接线的一种接线图或接线表。

（4）电费配置图或电费配置表。它是包括电费功能、特性和路径等信息，同时又能够提供电缆两端位置的一种接线图或接线表。

数据单：表示特定项目所给出的详细信息的资料单。

12. 简图或位置图：它是用图形符号绘制的图，用来表示一个区域或一个建筑物内成套电气装置中的元件位置和连接布线，在成套装置、设备或装置中各个项目的位置上的一种简图或位置图。电气布线和组件如图 7.4.1。

7.4.2 弱电识图的基本方法

只有掌握了一定的识图技巧与方法才能看懂图纸，将这些知识融会贯通之后，看懂和读懂一张建筑施工图纸便是轻而易举，读图的收益也会获得事半功倍的效果。

在得到图纸之后，图纸的目录就是最初便需要看的。图纸的目录通常包含：图例说明、建筑面积、建设单位、设计单位、图纸页数等信息。下一步再看图纸上系统设计的说明图，弄清楚每个子系统有关联的东西都有什么，最好可以制作一个表格将这些共性的东西放在一起。例如：设备箱内放置的设备有多少，需要哪些线缆。

图 7.4.1　电气布线和组件

接着要了解图纸上的各个箭头都表达了什么含义，并了解图纸上建筑弱电的总平面图。

最后需要看的是建筑弱电设备的布置图，并仔细阅读弱电各子系统的图纸，明白它的说明、图例、编号、数字等详细情况。这里可以和配置清单结合在一起来看。

7.4.3 强电识图的基本方法

由不一样的电气元器件组成的强电电路，要求读图人员需要具备一定的电工、电子技术的基础知识，这样才可以弄明白保护电路是如何工作的，电源是怎样为负载供电的，控制电路是怎样控制电路的。初学读电路图，需要运用从简单到复杂的方式来进行。通常情况下，洗衣机、

空调器这类的强电电路相比电水壶、电饭锅的电路要复杂，系列控制电路相比单向控制电路要复杂。不过不管怎样，复杂的电路也是由简单的电路组合成的，从读简单的电路图开始，了解各个电气符号所表示的含义，清楚每一个电气元器件的作用，明白它们的工作原理，便可以一步步地学会电路图的识图方法了。

电路图所用的项目代号、图形与文字符号等，是电气技术文件的专业"词汇"，等同于平常写文章时要用的词汇一样，因此需要熟记。

清楚每一种强电电路图的典型电路也很重要。经常用的电路就属于典型电路，例如电饭锅的电路便是强电电路的典型，了解复杂的强电电路便是要清楚这类电路。

对比观察电路图和接线图，这对于迅速弄明白电路的特点及工作原理是非常有好处的。在看接线图的时候，首先需明白线路连接的方法及其走向，而且需了解电子元器件的外形。在看到元器件实体的时候，便需要清楚这是什么元器件，这对于电路图的读图是至关重要的。

7.4.4 识图的注意事项

电气读图便是要能够看明白电气图，因而读电气图需要注意的是一张一张地看图，一张图纸全都读完以后再读下一张图纸。例如看图时碰到和其他图相关或者标

准说明的时候，应找到相关的图，但只看相关部分，清楚连接方式即可，之后再接着看完原图。读每一张图纸时应一个回路、一个回路地读。一个回路分析了解后再分析下一个回路。对于承担电气维修的职员，应在平常设备没有问题时就冷静从容地弄清楚设备的原理，分析设备可能会出现故障的原因与现象，做到胸中有数。

不然一旦设备出现故障，便可能心烦意燥，急于修复，一会儿查看这个线路，一会查看那条回路，缺乏清晰、确定的目标。如此不仅不能迅速找出故障的原因，而且很难真正解决问题。在读电气图时，需要详细阅读图样上的每一个细节，了解了细节上的不同才是真正掌握了设备的原理及性能，才可以避免一时疏漏导致的不良后果，甚至是事故。在读电气图时，碰到不明白的地方应该查阅相关的资料或者求教有经验的人，以免造成不良的影响和后果。

此外，读电气图时最好可以进行记录，特别是比较大或复杂的系统图。同时，分析每个回路的工作情况和工作状态是比较难的，适当做一些记录，有利于避免读图时的疏漏。

7.5 电力图的识图分析

7.5.1 照明控制电路的识图分析

照明控制电路的结构各式各样，电子元件、控制部件、功能器件组合连接方法的不同，电路的功能便是截然不同。

在看照明控制电路时，首先需了解电路的主要组成部件，清楚照明控制电路的结构特点，并依据重要部件的连接关系和功能特点，对整个电路进行单元的划分。从控制部件开始，对照明控制电路工作的过程进行全面分析，明白电路工作过程与控制细节。

1 两位双联开关三方控制照明灯电路的结构特点。

该线路通常采用双控联动开关 SA2、220V 交流供电，控制电路由双控开关 SA1、

SA3 构成的电路，熔断器 FU 是保护器件，EL 的照明灯。控制照明灯可以由电路中的任一开关动作完成。处于这种情况的电路，联动开关 SA2-1 的 A 点与 B 点相连，开关 SA3 的 A 点与 B 点相连，SA1 的 A 点与 B 点相连，照明电路断路，EL 不亮。

2 从控制部件开始，对照明控制电路工作的过程进行全面分析。

当电路工作过程是双控开关 SA1 在工作时，SA1 的触点 A 与触点 C 相连，照明电路通电，EL 亮。这个时候，如果按下开关 SA2 或 SA3，照明电路切断，EL 灭。

SA2 工作，SA1，SA3 没有工作，SA2 工作时，SA-1 与 SA-2 的触点 A 和触点 C 相连，照明电路通电，EL 亮。这时如果按下 SA1 或者 SA3，照明电路切断，EL 灭。SA3 工作，电路还在初始状态时，SA3 工作，照明电路通电，EL 亮。这

时如果按下 SA2 或者 SA1，照明电路切断，EL 灭。

在电路接收到感应信号，开始工作以后，电容器内的容量在一段时间后降低，照明灯自动关闭。电路进入开始状态，电容器开始充电，等待下一次的工作。

7.5.2　电动机控制电路的识图分析

上静和下动：位于上方的是静触头，在电源侧；在下面的是动触头，是负载侧。当电气回路要求水平绘时，电气图形符号可以在垂直位置通过逆时针旋转 90°，即左静和右动。即下侧或右侧为负载，上侧或左侧是电源。

左开和右闭：常闭触头向右闭口，常开触头则向左开口。当电气回路要求水平绘时，电气图形符号可以在垂直位置通过逆时针旋转 90°，即下开和上闭。

1 接触器电路符号的画法。

分为垂直画法和水平画法。电气原理图中，触头与线圈一般不会画在一处，是在电路的不同位置画，然而只需它们标记一样的文字符号，便是一个器件的触头与线圈。如用 KM1 表达相同一个接触器线圈、接触器主触头和辅助触头，如图 2a 所示。一般 KM1 中的 1 会省略的情况是一个电路中仅有一个接触器的时候。

2 接触器的标注方法。

可以分为两种情况：同一接触器的线圈与触头，不同接触器的线圈与触头。按线圈不得电时的常态绘出电路所有线圈的触点，按器件没有受到外力作用的常态画

出各刀开关、按钮开关等开关器件。

与电路中的文字和技术说明相结合，弄明白电路的用途，对电路有大体的认识。搞清楚电路中每个符号表示的含义，可以依据图形和文字符号及元器件明细表。

图的左侧一般就是主电路，其中有热继电器、断路器、电动机等。它是由电源输送电能时到电动机电流所流经的电路，因此电流较大。读图的时候一般由下方的被控设备开始，经控制元件，依次看到电源。通过看主电路能够了解：主电路中包含的哪些电器设备，它们的用途及特点是什么；主电路中什么电器控制的电动机，通过这些电器的原因，电器设备的功能有哪些。

图的右侧通常是控制电路。控制电路作用是控制与保护。控制电路包含按钮、熔断器、辅助触头、及连接导线等。看控制电路一般依照从上到下或者从左到右的原则，主要看三点：看电源，首先弄明白电源是直流还是交流电源，然后弄明白电源由哪里来，它的电压为多少；看各控制的支路，整个控制电路能够分成几个独立的小回路；看各支路，构成闭合回路的有什么元器件。

弄明白控制电路和主电路以及控制支路三者间的控制关系和关联，电路中各个电器元件、触头的作用有哪些。首先观察主电路，电动机 M 发动的时候，必须关上断路器 QF，同时需要让接触器 KM 得电吸合，再看接触器 KM 的控制电路，平常 SB2 的触头处在断开的地方。因此在开始时需按 SB2，连接上接触器 KM 线圈的控制回路，接触器 KM 线圈中有电流，接触器吸合，KM 主触头闭合，电动机主电路接通，电动机开始工作。

当电动机工作的时候，不可以一直按着 SB2，是因为接触器吸合之后，KM 常开的辅助触头会关闭。因此，离开 SB2 之后，和 SB2 连接的 KM-1 常开辅助触头（自锁触头）继续处于吸合状态，接触器 KM 线圈能够一直得电。

怎么让"电动机"停机？SB1 按钮串联在 KM 线圈回路中，按压 SB1，接触器 KM 线圈中便没有电流了，接触器 KM 释放，KM 各触头恢复开始的状态，主电路切断，电动机便会停机。

电动机开启之前（或者停机以后），因为 KM 辅助触头处在开始的地方，绿灯 HLG 连接的 KM-3 常闭辅助触头关闭，绿灯变亮；和红灯 HLR 连接的 KM-2 常开辅助触头切断，红灯熄灭。开始之后，接触器吸合，常开触头关闭，常闭触头打开，绿灯灭，红灯亮。

电路中热继电器 FR、断路器 QF 与熔断器 FU 有哪些作用呢？和之前的电工基础知识结合能够了解：电动机主电路的短路保护的是断路器 QF，在主电路中连接导线和元器件短路的时候，断路器 QF 跳闸，以防止灾害发生。在电路中起到过载保护的是热继电器 FR，当电动机过载的时候，常闭触点 FR 断开，进而断开接触器 KM 线圈的供电，电动机停机。

依据回路编号清楚电路的连接方法与走向。为了安装接线与维护检修，在所示的电路之中，能够看到各种标号，这种标号便是回路标号。它的标注是按等电位原则，在回路经过触头或者开关的时候，因为在触头两端已经不是等电位，所以需要进行不一样的标记。

下面简单描述一下电动机电路的回路标号的标注方法。

（1）主电路的回路标号：①三相电源依照相序编号为 L1、L2、L3，在经过开关之后，在出线接线端子上依照相序依次编号为 U11、V11、W11。②主电路的各支路的编号，需在水平画图时由左到右或者垂直画图时由上到下，每当经过一个电器元件的接线端子后，编号需要依次增加。例如 U21、V21、W21，U31、V31、W31 ……等顺序标号。③按照相序依次编号将单台三相异步电动机的三根引出线编为 U、V、W，关于多台电动机引出线进行编号，为防范混杂，能于字母前加数字进行区分，如 1U、1V、1W、2U、2V、2W 等。

（2）控制电路回路标号：①需由左到右或者由上到下逐行对主要降压元件两侧的不同线段分别按奇数与偶数的顺序进行标记，如一侧按 1、3、5 等顺序标号，另一侧按 2、4、6 等顺序编号。标号的第一个数字，除了启动支路要由 1 开始，照明支路和信号支路能直接接之前的数字进行编排，还能一次递增 100 作起始数，例如照明支路由 101 开始编号。

7.5.3 低压供配电电路的识图分析

分支断路器、带漏电保护的断路器和电度表等组成低压供配电线路。不相同的低压供配电线路，应用的低压供配电设备和数量并不一样。需要了解与清楚低压供配电线路中重要部件的图形与文字符号代表的意思，明白它们的功能及特点，这有利于分析和识读线路。接下来介绍几种低压供配电线路中经常用到的低压电气设备。

1 低压断路器。

低压断路器又名"空气开关"，通常用来接通或者断开供电线路还有过载或欠电压保护，常用于不经常接通或者断开线路的环境当中。依照不一样的具体功能，低压断路器主要有普通塑壳断路器和带漏电保护的断路器（漏电保护器）两种。

其中，塑料外壳、接线柱等组成普通塑壳断路器，一般用于电动机和照明系统中的控制开关等。漏电保护器亦被称作漏电保护开关，事实上是拥有漏电保护功能的开关，低压供配电线路的总断路器通常会用这种断路器。是由漏电指示、操作手柄等部分组成。这类开关拥有触电、过载、短路的保护功能，对避免触电伤亡灾难，防止因为漏电而引发的人身触点或火灾等，具有显著的效果。

2 低压熔断器。

在低压供配电系统中起到线路与设备的短路和过载保护是低压熔断器。在低压供配电线路运行正常的时候，熔断器等同是一条导线，具有通路的作用。在经过低压熔断器的电流高出限定值的时候，低压熔断器能够让本身的熔体熔断，自动切断线路，从而对低压供配电线路上的其他电气设备起保护作用。

3 低压开关。

线路中起到联通、断开、控制以及调节作用的电气部件就是低压开关。低压供配电线路中较普遍用到的低压开关有开启式负荷开关，它具有在带负荷状态下能够连接或者关闭线路的作用，一般用在电热回路、建筑工地供电、农用机械供电或者作为分支线路的配电开关。

4 电度表。

电度表也称为"电能表"，是用来计量用电量的器件，有三相电度表和单相电度表之分。图7.5.1为传统式样的电能表，图7.5.2为电能表的接线图，图7.5.3电能表的使用示意图。

图 7.5.1 电能表

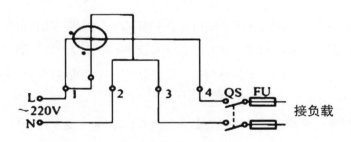

图 7.5.2 电能表接线图

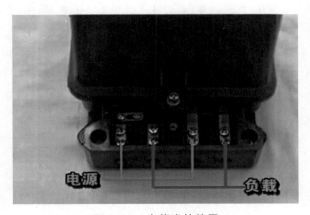

图 7.5.3 电能表的使用

通过对重要部件与元器件的掌握，以及对供配电线路特征的熟悉，能够在整体上对供配电线路有初步了解。在这个基础上，查看供配电线路的关键是弄明白线路当中各个相关联的部件和元器件的控制关系。供配电线路中，展现的是线路连接和断开的控制关系，实现电能传输与分配。当看线路图时，沿着线路的前后连接的关系，明白处于联通状态时电能的传输方向，处于断开状态时电能不能传递的结果。

断路器没有动作的时候，它的内部常开触点是断开的形态，断开照明灯的供电电源，照明灯不能变亮。转动断路器操作手柄，让它内部的常开触点在关闭的状态，电源经过电源开关内部的触点后给照明灯供电，照明灯变亮。

7.5.4　高压供配电电路的识图分析

高压供配电线路通常由高压供配电元件和设备组合而成。因此，想要识读高压供配电线路，需要对常见的高压供配电元件和设备有一定认知，掌握其功能及对应的线路符号，根据各元件和设备的名称、线路符号、功能特点等，区分其在线路中的作用和位置，进而识读整个电路图。

高压电源和配电线路通常由电源输入端（WL）、电力变压器（T1、T2）、电压互感器（TV1）、电流互感器（TA）、高压隔离开关（QS1~QS9等）、高压断路器（QF1~QF4等）、高压熔断器（FU1~FU3）、避雷器（F1~F4）等设备组成，并通过电缆和两条母线WB1、WB2连接，如图7.5.4。

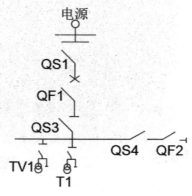

图 7.5.4　高压电源配线图

在不同的高压供配电线路中，高压供配电设备的类型和数量也有所不同，因此我们需要对不同的高压供配电元件的图形或文字符号的代表意义有一定了解，并针对各元件的特点加以区分，从而实现对电路图的识读和分析。下面我们针对上述的几种高压供配电线路中常见的元件和设备进行解读。

1 电力变压器。

电力变压器作为高压供配电线路中重要的特征元件，其作用是实现电力的输送和电压的变换。在远程传输环节，变压器将来自发电站的电力加压，避免电力传输中造成电力大规模损失，降低远程运输电力的成本；在用电环节，变压器将传输的电力降压，使用户可以安全使用。根据电力变压器相数差异，电力变压器被划分为高压单相变压器和高压三相变压器。

2 电压互感器。

电压互感器（TV）同样是一种变压器，作用是根据比例将高压转换为 100V 或更低的二次电压。在实际使用中，电压互感器很少单独使用，而是和安培计或电压表等设备配合使用，保护、计量、仪表等装置所使用的电压值和电流值将在该设备上有所体现。其中，电压表如图 7.5.5 所示。在高压线路中使用电压互感器，可以通过低压电气设备显示其工作状态，提升设备操作的安全性。

图 7.5.5　电压表

3 电流互感器。

电流互感器（TA）属于变压器的一种，它的作用是测量高压供配电线路中经过的电流量。在工作时，电流互感器可以将大电流转换成小电流，并通过线圈感应测量线路中经过的电流，一旦电流超过设定值就会发出警报。电流互感器作为高压供配电线路中不可或缺的一部分，在继电保护、电能计量、远方控制等领域都有所应用。

4 高压隔离开关。

高压隔离开关（QS）的作用是隔离高压电，通常与高压断路器合并使用，达到保护高压电气设备的目的。在使用中需要注意的是，高压断路器不具备灭弧功能，有电弧（强电流）的场合不宜采用该设备。

5 高压断路器。

高压断路器（QF）属于开关装置，它的作用是保护高压供配电线路。在日常用电中，当高压供配电的负载线路出现短路等故障时，高压断路器就会自动断开，以此达到保护线路的目的。高压断路器和电源开关的类型有很多，不同类型的电源开关需要搭载不同类型的高压断路器：总电源开关采用真空断路器、高压电源开关采用油断路器，需要具备过电流保护功能的开关应采用过电流断路器。

6 高压熔断器。

高压熔断器的作用是保护高压供配电线路设备的安全。一旦高压供配电线路出现过流现象，高压熔断器立即断开线路，避免高压供配电线路及设备被破坏。

7 高压补偿电容。

高压补偿电容是由三个端子、三个电容器组成的整体结构，其特点是具有高压电阻，拥有金属外壳，作用是提升供电效率。在使用时需要和负载以并联的方式连接到三相电源上，降低相位延迟的无效功率，进而达到提升供电效率的目的。

8 避雷器。

避雷器的作用是避免雷暴天气下对配电设备造成损伤。在雷暴天气，当配电设备遭受雷击时，可以通过避雷针快速释放电流、降低电压，避免变配电设备在遭遇高强度的雷击时，由于过高的电压造成损害。在安装避雷器时，要和受保护的变电配电设备并联，且需要和通常带电导线、地表之间产生连接。当高压供配电线路中的电压超过预定值时，避雷器会立即放电以降低电压，通过控制供电设备的电压起到保护作用；当电压恢复正常后，避雷器重新进入之前的状态，确保变电站保持正常运作。

9　母线。

母线由铜棒或铝棒组成，作用为集散、传输电能，在连接变电站各级电压配电装置、变压器及相应配电装置等设备时需要运用到母线。根据母线形状、结构、应用场所的差异性，人们将其分为硬母线、软母线。在实际应用中，硬母线具有施工便捷、载流量大、运行稳定等优点，但其缺点是成本高，多运用于主变到配电室；软母线同样施工便捷，但价格低廉，其缺点是在过于狭小的空间内安装容易导致相间断路，因此多用于室外。

第8章

电功的计算方法

8.1　电功计算的规律及公式

8.1.1　串联电路电流和电压的计算规律

　　串联电路是指由多个电路的元件沿单一的路径相互连接，在每个节点至多可连接两个不同的元件。这样的连接方式就称为串联，以串联的方式连接起来的电路叫作串联电路，如图 8.1.1。

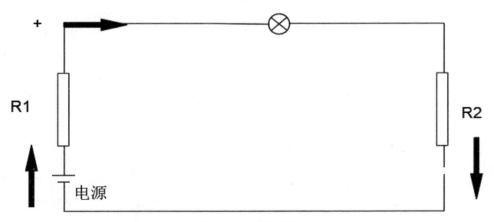

图 8.1.1　串联电路

　　串联电路的开关不管在任何位置都是控制整个电路的存在，它的作用跟所在的位置没有关系，电流只有一条路，通过一个灯的电流一定会通过另一个灯。同样，如果熄灭一个灯，那么另一个灯也会熄灭。

　　串联电路的优点是，如果想通过一个开关控制所有的电路，那么就可以使用串联电路。当然它也有着明显的缺点，因为一个电路就可以控制所有电路，所以一旦有一个地方的电流断开，那么一整个电路都会断路，互相串联的各个电子元件就无法正常工作。

　　在串联电路中，由于没有分叉，即支路，所以很好与并联电路区分。

　　串联电路的电压具有以下规律：

　　1. 在串联电路中，每个电阻流过的电流都是相等的，那是因为在直流电路中，同一个支路中的每个截面的电流强度是相同的。

　　2. 在串联电路中，每个部分的电路的两端之间的电压总和等于电路之间两端的总电压，即 $U=U_1+U_2+\cdots\cdots U_n$。这个规律也可以直接从电压的定义中得出结论。

8.1.2　并联电路电流和电压的计算规律

　　并联电路是指各个电器的所用的元件都是并列连接在电路之间，这样组成的方式就是并联电路，像家庭里用的点灯、电冰箱、电风扇和电视机等家电都是用并联的方式组成的。

　　并联电路是由干路和多条支路组成的，所以会有"分支点"，在并联电路中，所有的支路和干路之间都会形成回路，所以说有几条支路，就会有几条回路。

　　在并联电路中，如果一条支路上的电器没有工作，那么也不会影响其他电器的工作。其干路开关和支路开关的作用也是不同的，干路开关是总开关，控制着整个电路，支路开关只负责控制它所在的支路，如图 8.1.2。

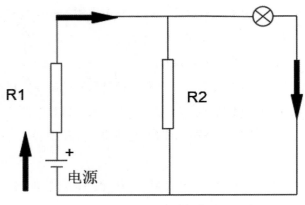

图 8.1.2　并联电路

并联电路电流的电压有如下规律：

1. 并联电路的电压：由于每条支路有一段是连接在一起的，另一端也连接在一块，所以承受着同一个电源的电压，故各个支路的电压是一样的。计算公式为 U=IR=P/I。

2. 并联电路的电流：因为每条支路的电压是相同的，从基尔霍夫的电流规律可知，电阻小的支路电流就大，反之，电阻大的支路电流就会变小。所以说，并联电路各条支路的电流和对应的电阻是成反比的。计算公式为 I=I1+I2。

8.1.3　电功计算的公式

1. 电工计算公式：W=UIt。

需要注意的是：式中的 W、U、I 和 t 是在同一段电路；计算时单位要统一；已知任意的三个量都可以求出第四个量。

计算电功还可用以下公式：W=I2Rt；W=Pt；W=UQ（其中 Q 是电量）。

2. 电流强度公式为：I=Q /t。

3. 电阻公式为：R= ρ L/S。

电阻等于材料密度乘以（长度除以横截面积）：R= 密度 ×（L÷S）；电阻等于电压除以电流：R=U÷I，电阻等于电压平方除以电功率：R=UU÷P。

4. 欧姆定律：$I=U/R$。

5. 焦耳定律：电压 = 电流 × 电阻，即 $U=RI$。电阻 = 电压 / 电流，即 $R=U/I$。功率 = 电流 × 电压，即 $P=IU$。电能 = 电功率 × 时间，即 $W=Pt$。

符号的意义及其单位：U：电压，V；R：电阻，Ω；I：电流，A；P：功率，W；W：电能，J；t：时间，S。

（1）$Q=I2Rt$（普适公式）。

（2）$Q=UIt=Pt=UQ$ 电量 $=U2t/R$（纯电阻公式）。

6. 串联电路：

串联电路 P（电功率）U（电压）I（电流）W（电功）R（电阻）T（时间）。

（1）电流处处相等：$I1=I2=I$。

（2）总电压等于各用电器两端电压之和：$U=U1+U2$。

（3）总电阻等于各电阻之和：$R=R1+R2$。

（4）$U1/U2=R1/R2$（分压公式）。

（5）$P1/P2=R1/R2$。

总电功等于各电功之和：

$w1：W2-R1：R2=U1：U2$。

$P1：P2=R1：R2=U1：U2$。

总功率等于各功率之和：$P=P1+P2$。

7. 并联电路：

（1）总电流等于各处电流之和：$I=I1+I2$。

（2）各处电压相等：$U=U1=U2$。

（3）总电阻等于各电阻之积除以各电阻之和：$1/R=1/R1+1/R2$ ［$R=R1R2/（R1+R2）$］。

（4）$I1/I2=R2/R1$（分流公式）。

（5）$P1/P2=R2/R1$。

总电功等于各电功之和：

$W=W1+W2$。

$I1：I2=R2：R1$。

$w1：W2-11：12-R2：R1$。

P1∶P2=R2∶R1=11∶12。

总功率等于各功率之和：P=P1+P2。

8. 定值电阻：

（1）I1/I2=U1/U2。

（2）P1/P2=I12/I22。

（3）P1/P2=U12/U22。

9. 电功：

（1）电功等于电流乘电压乘时间：W=UIt=Pt=UQ（普适公式）。

（2）W=I^2Rt=U^2t/R（纯电阻公式）。

电功等于电功率乘以时间：W=PT。

电功等于电荷乘电压：W=QT。

电功等于电流平方乘电阻乘时间：W=I×RT（纯电阻电路）。

电功等于电压平方除以电阻再乘以时间：W=(U^2/R)×t。

10. 电热 Q：

电热等于电流平方成电阻乘时间：Q–IIRt（普式公式）。

电热等于电流乘以电压乘时间：O=UIT=w（纯电阻电路）。

11. 电功率：

（1）电功率等于电压乘以电流：P=W/t=UI（普适公式）。

（2）电功率等于电流平方乘以电阻：P=IIR（纯电阻电路）。

电功率等于电压平方除以电阻：P=UU÷R（同上）。

（3）电功率等于电功除以时间：P=w∶T。

12. 分压公式：

通过计算串联电阻来了解如何划分总电压，以及划分多少电压的公式。多少个子电压计算如下：总电阻的百分比是子电压的百分比。

公式是：U=（R/R 总）×U 源。

如 5Ω 和 10Ω 电阻串联在 10V 电路中间，5 Ω 占了总电阻 5 ＋ 10=15Ω 的 1/3，所以它分的电压也为 1/3。

8.2　不同类型电路的计算

8.2.1　直流电路计算

直流电路是一种电流大小可变方向不变的电流。如若电流的大小以及方向全都不变，则被称为恒定电流。

直流电流仅在电路闭合时流动，而在电路断开时完全停止。在电源外部，正电荷通过电阻从高电位流向低电位。在电源中，电源的非静态电源可以克服静电力，然后将正电荷从低电势"携带"到高电势，从而形成闭合电流线。因此，在直流电路中，电源的功能是提供恒定的电动势，该电动势不会随时间变化，并补充电阻上消耗的焦耳热。

直流电路计算公式：

1.欧姆定律：

（1）无源支路：I= ± U/R。

式中：U 代表支路端电压（V）。

1代表支路电流（A）。

R 代表支路电阻（Ω）。

± 代表 U 与 I 同向取 + 号，否则取 – 号。

如图 8.2.1，图中：（A）I=U/R，（B）I=-U/R。

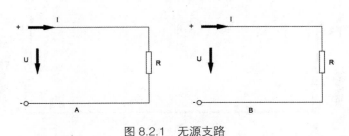

图 8.2.1　无源支路

（2）有源支路：I=（±U±E）/R（A）。

式中：E代表支路电动势（V）。

U、1、R与无源支路相同。

±U与I向、E与I同向取＋号，否则取－号。

如图8.2.2，图中：（A）I=（U–E）/R，（B）I=（–U–E）/R。

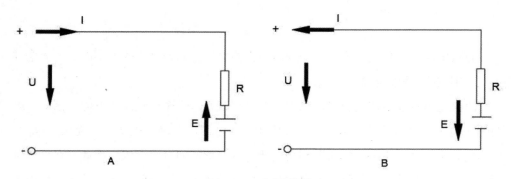

图 8.2.2　有源支路

（3）全电路：I=（±E1±E2）/∑E（A）。

式中：E1、E2代表回路电动势（V）。

1代表回路电流（A）。

∑R代表回路电子之和（2）。

±代表E1、E2与I同向取＋否则取－号。

如图8.2.3，图中 I=（E_1+E_2）/R+r_1+r_2（A）。

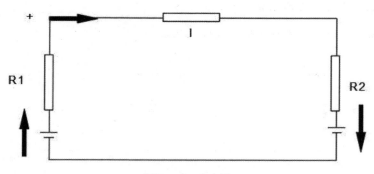

图 8.2.3　全电路

2. 导体电阻：

R=pI/S（Ω）。

式中：R 代表导体直流电阻（Ω）。

L 代表导体长度（M）。

S 代表导体载面积（CM^2）。

代表导体电阻率（Ω·m），如图 8.2.4。

图 8.2.4　导体电阻

3. 导体电阻与温度关系：

$R_1 = R\chi_1 [1+a(t-20)]$（Ω）。

式中：R 代表导体 t℃时的电阻（Ω）。

$R\chi_1$ 代表导体 20℃时的电阻（Ω）。

a 代表导体的电阻温度系数（1/℃）。

（ppm/℃）。t 代表温度（℃）。

4. 功率：

$P = UI = I^2 RU/R$（W）。

式中：P 代表功率（w）。

U 代表电压（v）。

l 代表电流（A）。

R 代表电阻（Ω）。

I 不变（电阻串联）时，P 与 R 成正 i。

比。不变（电阻并联）时，P 与 R 成反比。

5. 电阻串、并、复联：

（1）串联电阻：$R = R_1 + R_2 + R_3 + \cdots\cdots$

电导：$G = 1/(1/G_1 + 1/G_2 + 1/G_3 + \ldots)$。

当 $R_3=0$ 时，R_2 上的分电压 $U_2=\left[\,R_2/(\,R_1+R_3\,)\,\right]U_{ab}$。

式中：Uab 代表 ab 两端端电压。

$R_2/(\,R_1+R_3\,)$ 代表分压比。

串联电阻线路如图 8.2.5 所示。

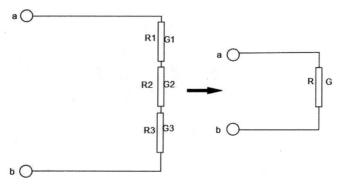

图 8.2.5　串联电阻

（2）并联电阻：$1/R=1/R_1+1/R_2+1/R_3+\cdots\cdots$

电导：$G=G_1+G_2+G_3+\cdots\cdots$

当 $R_3=0$ 时，R_2 上的分电流 $I_2=\left[\,R_1/(\,R_1+R_2\,)\,\right]I_{ab}$。

式中：I_{ab} 代表流经 ab 的端电流 $R_1/(\,R_1+R_2\,)$。

并联电阻线路如图 8.2.6 所示。

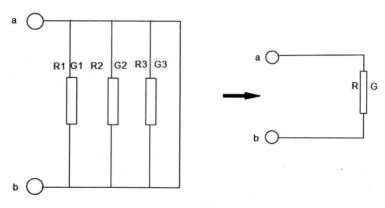

图 8.2.6　并联电阻

（3）复联电阻：R=R1+［R2R3/（R2+R3）］。

电导：G=1/［1/G1+1/（G2+G3）］。

复联电阻线路如图 8.2.7 所示。

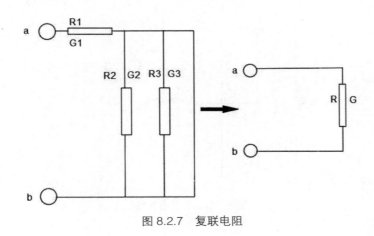

图 8.2.7　复联电阻

6. 电容器串、并、复联：

（1）串联：1/C=1/C1+1/C2+1/C3+……

当 n 个相待的 C0 串联 C=（1/n）C0。

当 C3 被短路时，C2 上的分电压 UC2=［C1/（C1+C2）］Uab。

式中：Uab 代表 ab 两端端电压电容分压比 C1/（C1+C2）。

电容器串联线路如图 8.2.8 所示。

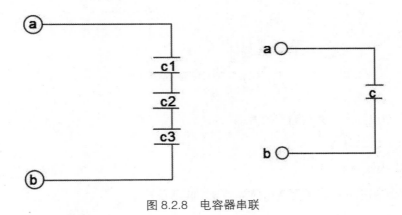

图 8.2.8　电容器串联

（2）并联：C=C1+C2+C3+……

当 n 个和同等的 CO 并喉时 C=nC0。

电容器并联线路如图 8.2.9 所示。

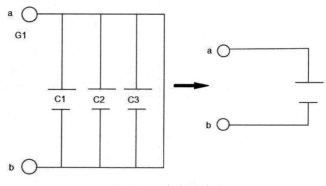

图 8.2.9　电容器并联

（3）复联：C=1/C1+1/（C2+C3）。

电容器复联线路如图 8.2.10 所示。

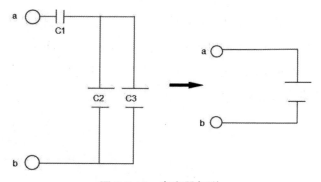

图 8.2.10　电容器复联

7. 屏蔽线圈串、并联的等效电感：

串联：$L=L_1+L_2+$……

并联：1/L=1/L1+1/L2。

屏蔽线圈串、并联的等效电感如图 8.2.11 所示。

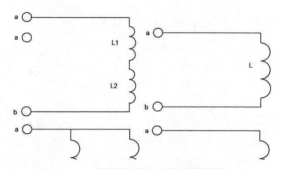

图 8.2.11　屏蔽线圈串、并联的等效电感

8. 电池串、并联：

（1）串联：$E=E_1+E_2+En\cdots=I_1+I_2+I_n$。

R1、R2 分别为电池的内阻当 n 个电池的电动势均为 E0，内阻均为 R_o。

$I=nEo/(R+nro)$。

电池串联线路如图 8.2.12 所示。

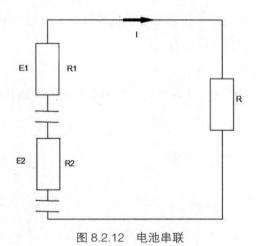

图 8.2.12　电池串联

（2）并联：$E=E_1=E_2=\cdots I=L_1+L_2+\cdots=E/(R+R/n)$。

R1、R2 分别为电池的内阻. 只有在电动势能和内阻在完全相同的情况下，才能成为并联电路，否则只是产生电流并消耗能量。

电池并联线路如图 8.2.13 所示。

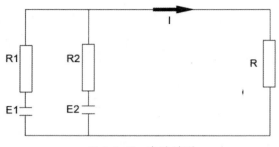

图 8.2.13　电池并联

8.2.2　交流电路计算

在交流电路之内的变化都是呈规律性的，包括电压值大小以及流动方向，电流值大小和流动方向。

交流电路的计算包括周期和频率的计算、正弦交流电压电流的计算、最大值有效值和平均值的计算、纯电阻电路计算、纯电感电路计算、纯电容电路计算、RLC并联电阻的计算、等效阻抗和等效导纳的变换计算、互感线圈的串并联计算以及Y-△阻抗变换。其计算公式分别如下：

1 周期和频率计算。

在交流电路中，周期为交流量转化一周所需要耗费的总共时长，频率意为在 1 秒内交流量变化了多少次，见图 8.2.14。

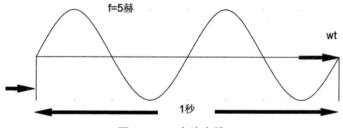

图 8.2.14　交流电路

其公式为：$T=\dfrac{1}{f}=\dfrac{2\pi}{w}$。在本公式中，T 为周期（S），f 为频率（Hz），ω 为角频率（rad/r）。

2 正弦交流电压、电流计算。

正弦交流电被广泛的应用在生活中，各种小电器也是由正弦交流电供电的，也被用于照明和工业的生产运输上，正弦交流电的电流和电压工作方式见图 8.2.15 和 8.2.16。

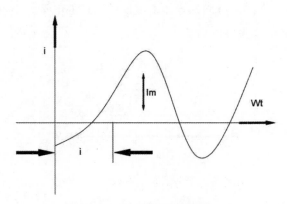

图 8.2.15　正弦交流电流

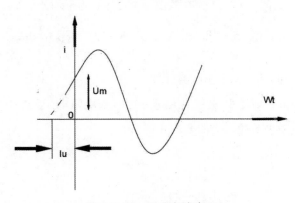

图 8.2.16　正弦交流电压

正弦交流电流的公式为：Imsin（ωt+τi），其中 u 为电压瞬时值（V），Um 为电压最大值（V），τu 为电流初相角（rad）。

正弦交流电压的公式为：U=Umsin（ωt+τu），在本式中，u 为电压瞬 du 时值（V），Um 为电压最大值（V），τu 为角频率（rad/s）。

3 最大值、有效值、平均值计算。

在涉及到计算最大值、有效值、平均值时，首先需要明白这三个名词的含义。

正弦交流电是按照正弦曲线而规律变化的，在变化过程中的某一个点的值叫作瞬时值，而仅用瞬时值并不能准确地描述交流电的大小，所以在交流电的变化过程中的最大瞬时值，就是最大值。如果在交流电通过电阻负载时，产生热量与负载的热量相等，叫作有效值。在同一方向的导体横截面中通过的电量大小与半个周期时间相比的值，叫作平均值。见图 8.2.17。

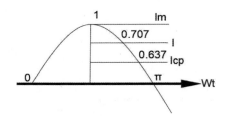

图 8.2.17　最大值、有效值、平均值

图中，Im 为最大值（A），I 为有效值（A），Icp 为平均值（A）。

计算公式为：有效值：$I = \dfrac{Im}{\sqrt{2}} = 0.707Im$ 和平均值：$Icp = \dfrac{2}{\pi}Im = 0.637Im$。

4 纯电阻、纯电感、纯电容电路计算。

（1）纯电阻电路。顾名思义就是在电路中只有电阻电子元件，其他的也会有电感或电容，但影响微乎其微。见图 8.2.18。

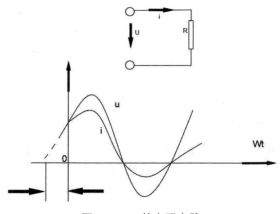

图 8.2.18　纯电阻电路

其计算公式为：瞬时值：u=Umsin（ωt+τu），i=Imsin（ωt+τu），最大值 Um=RIm，有效值 U=RI，有功功率 P=UI=I²R=$\dfrac{U^2}{R}$，无功功率 Q=0，初相角 Tu=Ti，u 与 i 相同。

（2）纯电感电路：指在电路中只有电感电子元件，其他的也会有电阻或电容，但影响很小。但纯电感电路分为有功功率和无功功率两种，有功功率并不消耗电能，只能进行电源交换，所以有功功率通常不计算，见图 8.2.19。

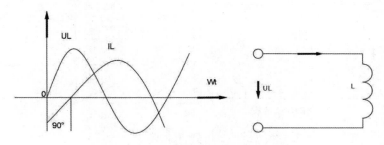

图 8.2.19 纯电感电路

其无功功率的计算公式为：$QL=ILUL=L^2LXL=\dfrac{U^2L}{w}$ 初相角 τu=0℃，τi=-90℃，UL 超前于 iL90℃。在此公式中，QL 代表着无功功率（var/Kvar），UL 代表着电压有效值（V），IL 代表着电流有效值（A），XL 代表着线圈感抗（Ω）。

（3）纯电容电路：指在电路中只有电容电子元件，其他的也会有电感或电阻，但影响也很小。其有功功率也不进行计算，只计算无功功率，见图 8.2.20。

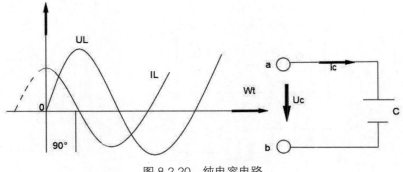

图 8.2.20 纯电容电路

无功功率计算公式为：Qc=UcIc=XcFc，初相角 τu=0℃，τi=90℃，Uc 滞后于 iL90℃。

5 RLC 并联电路计算。

RLC 并联电路是由电阻（R）、电感（L）、电容（C）电子元件组成的并联电路，如图 8.2.21 所示。

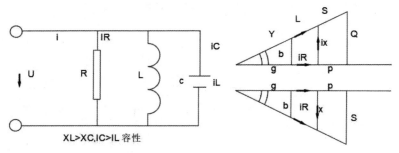

图 8.2.21　RLC 并联电路

I=UY 为有效值，电纳 b=bL−bc，当 bL=0 时，电路为 RC 并联电路；当 bc=0 时，电路为 RL 并联电路。有功功率 P=UIcosτ，无功功率 Q=UIsinτ，视在功率 $S=UI=\sqrt{P^2+Q^2}$。

6 等效阻抗和等效导纳的变换计算。

（1）等效阻抗的电路图见图 8.2.22。

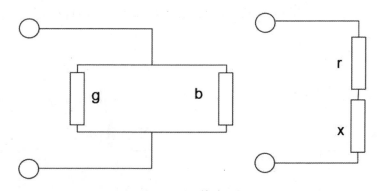

图 8.2.22　等效阻抗

算法公式为：$Z = \dfrac{1}{Y}$，电阻 $r = \dfrac{g}{g^2 + b^2}$，电抗 $x = \dfrac{b}{g^2 + b^2}$。

（2）等效导纳的电路图见图 8.2.23。

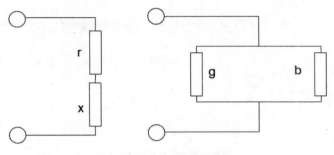

图 8.2.23　等效导纳

算法公式为：$Y = \dfrac{1}{Z}$，电阻 $r = \dfrac{g}{g^2 + b^2}$，电纳 $b = \dfrac{b}{g^2 + b^2}$。

7　互感线圈的串并联计算。

互感线圈就是磁的耦合，两个电流通路之间相互影响的系数叫作互感，见图 8.2.24。

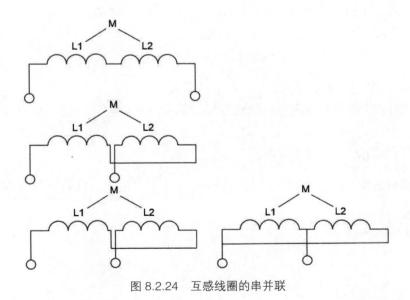

图 8.2.24　互感线圈的串并联

串联的计算公式为：顺接 $L=L_1+L_2+2M$，逆接 $L=L_1+L_2-2M$。

并联的计算公式为：其 $L=\dfrac{L_1+L_2-M^2}{L_1+L_2-2M}$ 中 L 为总电感，M 为互感。

8 Y– △阻抗变换。

Y– △阻抗变换也称作星形 – 三角形变换，是电路的转化过程，见图8.2.25。

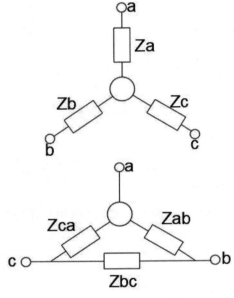

图 8.2.25　星形 – 三角形变换

当三角形转变为星形时，公式为：$Zab=Za+Zb+\dfrac{ZaZb}{Zc}$，$Zbc=Zb+Zc+\dfrac{ZbZc}{Za}$，

$Zca=Zc+Za+\dfrac{ZaZc}{Zb}$。

当星形转变为三角形时，公式为：$Za=\dfrac{Zab\cdot Zca}{Zab+Zbc+Zca}$，$Zb=\dfrac{Zbc\cdot Zab}{Zab+Zbc+Zca}$，

$Zc=\dfrac{Zca\cdot Zbc32}{Zab+Zbc+Zca}$。

8.3　单元电路计算

8.3.1　整流电路计算

将交流电转化为直流电的电路称为整流电路，整流电路主要应用于直流电动机的调速电解、电镀等领域。

整流电路主要由整流二极管组成。经过整流电路二极管的电路已经不是单纯的交流电压，而变成了混合电压，包含直流电与交流电。根据不同的特性，整流电路有多种分类属性：

1. 按照组成器件分类，可分为不可控电路、半控电路、全控电路三种。

2. 按照电路结构分类，可分为零式电路和桥式电路两种。

3. 按照电流方向分类，可以分为单拍电路和双拍电路。

4. 按照控制方式分类，可以分为相控式电路和斩波式电路两种。

5. 按照引出方式分类，可以分为中点引出整流电路、带平衡电抗整流电路、十二相整流电路和常见的桥式整流电路。

常见的有单相半波整流电路、单相全波整流电路、单相桥式整流电路和三相桥式整流电路等。

1 单向半波整流电路。

二极管通过半周导通和截止的方式调节二极管内的电压，公式为：$U_0=0.45U_2$。

2 单向全波整流电路。

全波整流是在半波整流电路的基础上加以改进得到的。负载上得到的电流、电压的脉动频率为电源频率的两倍，其直流成分也是半波整流时直流成分的两倍，即：$U_0=0.9U_2$。

二极管承受的反峰电压值为：$U_{RM}=2\sqrt{2}\,U_2$。

3 单向桥式整流电路。

桥式整流电路输出直流电压同样为：$U_0=0.9U_2$。

而二极管反向峰值电压是全波整流电路的一半，即：$U_{RM}=\sqrt{2}\,U_2$。

4 三相桥式整流电路。

对于三相桥式整流电路，其负载 RL 上的脉动直流电压 U_L 与输入电压 U_I 的关系为：$U_L=2.34U_I$。

负载 RL 流过的电流为：$I_L=\dfrac{U_L}{R_L}=2.34\dfrac{U_i}{R_L}$。

对于三相桥式整流电路，每支整流二极管承受的最大反向电压 URM 为：URM= $\sqrt{2}\times\sqrt{3}$ Ui2.45Ui。

其中的二极管整流电路平均电流为：$I_F=\dfrac{1}{3}I_L\approx0.78\dfrac{U_i}{R_L}$。

8.3.2 滤波电路计算

滤波电路的作用是让一定频率的电信号正常通过，并拦截另外一种频率的电信号，另外还可以减小脉动直流电压中的交流成分。

滤波电路有四种基本类型，分别为：理想低通滤波器、想高通滤波器、理想带通滤波器、理想带通滤波器。

1 理想低通滤波器。

如下图所示，允许低频信号通过，禁止高频信号输出的方式称为理想低通滤波器。

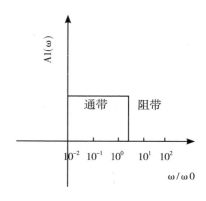

图 8.3.1　理想低通滤波器

2 理想高通滤波器。

如下图所示，允许高频信号通过，禁止低频信号输出的方式称为理想高通滤波器。

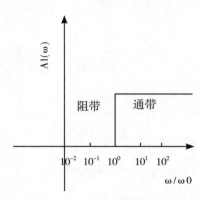

图 8.3.2　理想高通滤波器

3 理想带通滤波器。

如下图所示，在一定范围内允许信号通过，这个范围以外的频道禁止信号传播的方式称为理想带通滤波器。

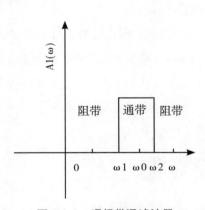

图 8.3.3　理想带通滤波器

4 理想带阻滤波器。

如下图所示，在一定范围内降低信号强度，这个范围以外的频道信号可以自由传播的方式称为理想带阻滤波器。

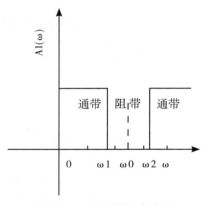

图 8.3.4　理想带阻滤波器

滤波电路器根据其组成元件分为无源滤波电路和有源滤波电路两种：

1. 无源滤波器。无源滤波器的组成部分是只用一些无源元件（R、L、C）组成的滤波器，其特点是结构简单，易于设计；其缺点是不适用与设计要求过高的场合。

2. 有源滤波器。有源滤波器的组成部分是用无源元件和有源元件组合成的滤波器，特点是负载不影响滤波特性。

LC 滤波器中最重要的两个参数为截止频率 F 与 Q 值，Q 值代表损耗/输入功率，称为品质因数，Q 值越高代表损耗越大。在一般低功率的滤波器上，Q 值可以忽略不计，但是在较大功率的滤波器中，Q 值不可忽略，Q 值越大会导致电损越大，并且会引起发热现象。

以下是计算这两个参数的公式：

截止频率 F 的计算方法：$f_0 = \dfrac{\omega_0}{2\pi} = \dfrac{1}{2\pi\sqrt{L \times C}}$。

其中 f_0 代表截止频率，ω_0 代表特征频率。

品质因数 Q 的计算方法：$Q = \dfrac{R_L}{2}\sqrt{\dfrac{C}{L}}$。

RC 滤波器中，V_i 是输入电压，电阻为 R，电容为 C，输出电压为 V_0。如果电路中输出阻抗很大，输入阻抗很小，可以得到 V_0 计算公式如下：$V_0 = \dfrac{1}{1 + j\omega RC} V_i$。

电容的阻抗是 Z_C，计算公式为：$Z_C = \dfrac{1}{j\omega C}$。

其中 $\omega = 2\pi f$。

RC 滤波器截止频率计算公式为：：$f_{cut} = \dfrac{1}{2\pi RC}$。

8.3.3　振荡电路计算

大小和方向都做周期性变化的电流被称为振荡电流，是由电阻、电感、电容等电子器件组成的电路。一般情况下，在输入端加上输入信号的情况下，输出端才有输出信号。还有一种情况是输入端没有电信号的输入，但是在输出端产生了一定频率的电信号的输出，这种现情况称为自激振荡，而振荡电路就是这种依靠自激振荡产生电压的电路。因为其特性，振荡电路被广泛应用于通信、遥控、测量等设备中。

振荡电流其原理分为四部分：

1. 充电完毕（放电开始）：电场能达到最大，磁场能为零，回路中感应电流 i=0。

2. 放电完毕（充电开始）：电场能为零，磁场能达到最大，回路中感应电流达到最大。

3. 充电过程：电能增加，磁能减少的过程，简单来说是正在由磁能向电能转化的过程。

4. 放电过程：电能减少，磁能增加的过程，简单来说是正在由电能向磁能转化的过程。

振荡电路分为石英晶体振荡电路、LC 振荡电路、RC 振荡电路等几种。其中 LC 振荡电路与 RC 振荡电路以其电路简单等特点被广泛应用。

LC 振荡电路是由电感器和电容器组成的电路，LC 正弦波振荡电路有变压器反馈式 LC 振荡电路、电感三点式 LC 振荡电路和电容三点式 LC 振荡电路三种。

因为电容和电感拥有储蓄的特性，所以在 LC 振荡电路中，电能和磁能会有自己的一个最大值和最小值，在这两种能量转化交替的过程中会产生振荡，运用这种方式产生振荡电流的方式被称为 LC 振荡电路。

在实际应用过程中，因为所有的电子原件会产生电损，两种能量的转化会被消耗，所以一般的 LC 振荡电路需要一个放大原件，一般会用三极管或者集成运放等数电 LC。

依据 LC 振荡电路产生的原理，可以推理出其振荡频率：

电感的感抗计算公式为：RL=2πfL。

电容的容抗计算公式为：RC=1/2πfC。

其中频率 f 的单位为 Hz（赫兹），电感的单位为 H（亨），电容的单位为 f（法拉）。

当电感器的感抗值和电容器的容抗值相等的时候，交流电的频率就是 LC 振荡电路的振荡频率：

RL=2πfL=RC=1/2πfC，整理后可得到公式为：$f_0 = \dfrac{1}{2\pi\sqrt{LC}}$。

RC 振荡电路是电阻 R、电容 C 组成的振荡电路，适用于低频振荡。

RC 振荡电路的原理是通过增大或减少电阻 R 的过程来产生振荡频率。而增大电阻是无需增加成本的。我们知道，在 LC 振荡电路中，如果要产生频率较低的振荡电流，必须要加大电感器和电容器的投入。这样不仅安装不便并且成本会增加很多，所以一般 200kHz 以下的正弦振荡电路，会采用振荡频率较低的 RC 振荡电路。

根据 RC 选频网络的不同形式，可以将 RC 振荡电路分为 RC 相移振荡电路和文氏电路振荡电路两种。

RC 相移振荡器是采用超前移相或滞后移相电路作为选频网络，与反相放大器构成的振荡器。其特点是电路简单且经济实惠，但选频作用较差，振幅不够稳定，频率调节不便，因此一般用于频率固定、稳定性要求不高的场合。

其振荡频率计算公式为：$f_0 = \dfrac{1}{2\pi\sqrt{6}\,RC}$。

文氏电路振荡电路是将电阻器 R 与电容器 C 经过串联或者并联，并且结合放大器组成的振荡电路。

当 RC 串并联时可以产生正反馈与负反馈，正反馈电路和负反馈电路构成文氏电桥电路，合理位置加入集成运算放大器会产生振荡电流，这种产生振荡电流的方式被称为文氏电路振荡电路。

其振荡频率计算公式为：$f_0 = \dfrac{1}{2\pi RC}$。

8.3.4　放大电路计算

放大电路也被称为放大器，从名称中可以看出，放大电路的作用是将微弱的电流、电压放大到所需要的幅度并且与原来的电流、电压保持统一的变化规律。这种放大必须保持在不失真的情况下。

放大电路具有信号传输效率高、结构简单、便于集成化等优点，这里说的信号是指电流或者电压。因为其突出的特点，集成电路中经常采用这种耦合方式，一般分为单极型管与双极星管两种。

1. 单极型管：一般采用场效应管组成，场效应管的三个电极分别为栅极 G、源极 S、漏极 D。按照结构可以分为共源极、共漏极、共栅极三种。共漏极放大器通常用作电压缓冲器，晶体管的栅极端子用作输入，源极是输出，漏极是公共的，类似共集电极放大器，该电路通常也称为"稳定器"；共源极通常被用在电压放大器中，类似共射极电极放大器；共栅极通常应用于电流放大器中，类似共基极电极放大器。

2. 双极型管：一般由三极管组成，由三极管放大电路的组态有三种。

（1）共射放大电路：由基极和发射极输入，由集电极与发射极输出的接法称为共射电路。其特点是电流、电压的放大倍数较大，输入和输出的电阻适用。

在一个电路图中，设定 Rs 是信号源的内阻，Re 是发射极上的电阻，Rc 是集电极上的电阻，R_L 是负载，发射极含有电阻的共射放大电路放大倍数公式为：$A_v = \dfrac{\beta R_{L'}}{R_{bb'} + R_{b'e} + (1 + \beta)R_e}$。

其中 β 为三极管放大倍数，RL 是 Rc 与 RL 并联后的等效电阻，Re 就是发射极上的电阻。Rbb 是由基极引线电阻和基区体电阻组成的，Rbb 和三极管本身有关与外电路无关。Rbe 阻值很大，在千欧级别，因此 Rbb 可以忽略。不过 Rbe 和静态工作点选取有关，计算公式为：$R_{b'e} = \dfrac{\beta}{38.5I_{CQ}}$。

β 表示三极管的放大倍数，Icq 是直流通路中流向集电极的电流。

（2）共基放大电路：由发射极与基极输入，由集电极与基极输出的接法称为共基极电路。其特点为电路中输入电阻较小，输出电阻较大，电流增益无限接近 1，电压增益和共射电路绝对值相等。

共基放大电路放大倍数公式为：$A_v = \dfrac{\beta R_{L'}}{R_{bb'} + R_{b'e}}$。

β 表示三极管的放大倍数，RL 等于 Rc 并上 RL，Rbb 是由基极引线电阻和基区体电阻组成的，Rbe 的计算方法也和共射放大电路相同。

（3）共集放大电路：由发射极与基极输入、发射极输出的接法称为共集极电路。其特点为输入电阻很大，输出电阻很小，但是只有电流放大能力，没有电压放大能力，一般接近但小于 1。

共集放大电路放大倍数公式为：$A_v = \dfrac{(1+\beta)R_{e'}}{R_{bb'} + R_{b'e} + (1+\beta)R_e}$。

式中 β 表示三极管的放大倍数。